中华文明探微

展现悠久历史
探寻中华文明

Embody the long history
Explore the Chinese civilization

Chinese
Architecture

白巍 戴和冰 主编

萧默 著

北京出版集团公司
北京教育出版社

凝固的神韵

中国建筑

于一砖一瓦中构筑和谐之美

图书在版编目（CIP）数据

凝固的神韵：中国建筑 / 萧默著. — 北京：北京
教育出版社，2013.4
（中华文明探微 / 白巍，戴和冰主编）
ISBN 978-7-5522-1089-7

I. ①凝… II. ①萧… III. ①建筑史—中国 IV.
①TU-092

中国版本图书馆CIP数据核字（2012）第216202号

中华文明探微

凝固的神韵
中国建筑
NINGGU DE SHENYUN

白　巍　戴和冰　主编

萧　默　著

出　版	北京出版集团公司 北京教育出版社
地　址	北京北三环中路6号
邮　编	100120
网　址	www.bph.com.cn
总发行	北京出版集团公司
经　销	新华书店
印　刷	滨州传媒集团印务有限公司
版印次	2013年4月第1版　2018年11月第3次印刷
开　本	700毫米×960毫米　1/16
印　张	10.75
字　数	100千字
书　号	ISBN 978-7-5522-1089-7
定　价	36.00元

质量监督电话 010-58572393

总　序

　　时下介绍传统文化的书籍实在很多，大约都是希望通过自己的妙笔让下一代知道过去，了解传统；希望启发人们在纷繁的现代生活中寻找智慧，安顿心灵。学者们能放下身段，走到文化普及的行列里，是件好事。《中华文明探微》书系的作者正是这样一批学养有素的专家。他们整理体现中华民族文化精髓诸多方面，不炫耀材料占有，去除文字的艰涩，深入浅出，使之通俗易懂；打破了以往写史、写教科书的方式，从中国汉字、戏曲、音乐、绘画、园林、建筑、曲艺、医药、传统工艺、武术、服饰、节气、神话、玉器、青铜器、书法、文学、科技等内容庞杂、博大精美、有深厚底蕴的中国传统文化中撷取一个个闪闪的光点，关照承继关系，尤其注重其在现实生活中的生命性，娓娓道来。一张张承载着历史的精美图片与流畅的文字相呼应，直观、具体、形象，把僵硬久远的过去拉到我们眼前。本书系可说是老少皆宜，每位读者从中都会有所收获。阅读本是件美事，读而能静，静而能思，思而能智，赏心悦目，何乐不为？

　　文化是一个民族的血脉和灵魂，是人民的精神家园。文化是一个民族得以不断创新、永续发展的动力。在人类发展的历史中，中华民族的文明是唯一一个连续5000余年而从未中断的古老文明。在漫长的历史进程中，中华民族勤劳善良，不屈不挠，勇于探索；崇尚自然，感受自然，认识自然，与自然和谐相处；在平凡的生活中，积极进取，乐观向上，善待生命；乐于包容，不排斥外来文化，善于吸收、借鉴、改造，使其与本民族文化相融合，兼容并蓄。她的智慧，她的创造力，是世界文明进步史的一部分。在今天，她更以前所未有的新面貌，充满朝气、充满活力地向前迈进，追求和平，追求幸福，勇担责任，充满爱心，显现出中华民族一直以来的达观、平和、爱人、爱天地万物的优秀传统。

　　什么是传统？传统就是活着的文化。中国的传统文化在数千年的历史中产生、演变，发展到今天，现代人理应薪火相传，不断注入新的生命力，将其延续下去。在实践中前行，在前行中创造历史。厚德载物，自强不息。是为序。

汤一介

序

以中国观念欣赏中国建筑之美

中国是一个伟大的国家，巍然屹立在亚洲的东方，拥有约九百六十万平方公里的广袤土地，超过世界五分之一的人口，包括五十六个民族，历史悠久，文化昌盛。

古代世界曾有过七个大的文化体系及与其相应的七个建筑体系，即古埃及、古巴比伦、古印度、中国、欧洲、伊斯兰和古代美洲。为什么在这几大体系中有的前面冠以"古"字，是因为它们或是早已中断，或是在很大程度上发生了质的变异。只有中国、欧洲和伊斯兰建筑流传时间最长，流域最广，成就也最大，至今仍保持了影响，称为世界三大建筑体系。这三大建筑体系中又以中国建筑历史最为悠久，经四千余年相沿不断传承下来，保持了体系的完整性。

由于中国和欧洲历史文化发展进程之不同，中欧在一整套哲学观念、文化传统、宗教态度、性格气质、艺术趣味和自然观等方面都有明显的差异，反映到民族的艺术性格上也就有了许多重大的不同。这种不同在各种艺术中都有表现，建筑艺术也不例外。总之，中国传统建筑艺术，曾取得过独立于世界文化艺术之林的伟大成就，散发着这片大地特有的泥土芳香，表现出中国文化特有的伟岸俊秀，显示了与欧洲不同的风貌特征。总之，要欣赏中国建筑，必须具有一个与欣赏欧洲建筑不同的眼光与角度。

在这本普及性的小书中，我们将尽量以最简练的文字，介绍中国传统建筑最富有特色的成就，并力图把艺术风格和产生它的文化土壤紧密联系起来，更多地注意由形式反映作品的文化意义。

中国建筑是世界所有建筑体系中唯一一个以木结构为本位的，并很早就影响了朝鲜、韩国、日本和越南建筑，共同形成东亚建筑。

中国有众多民族，以汉族为主体（约占全国人口的百分之九十一），本身就是古代诸多部族融合的结果，居住在全国各地。其他五十五个民族称为少数民族，大都分散在中国西部和北部边疆。各族的建筑艺术都体现了本民族的和地域的特色，大大丰富了中国建筑艺术的内容。其中尤以藏、蒙地区藏传佛教建筑、新疆维吾尔族伊斯兰建筑、云南傣族小乘佛教建筑和西南侗族建筑的民族和地域特点更为鲜明，成就更为突出。

中国传统建筑是中国传统文化最鲜明、最典型的体现者，其强烈显现的人本主义、注重整体的观念、人与自然融合的观念、重视与地域文化的结合，以及许多具体处理手法如建筑的群体布局、空间构图和特色鲜明的造型手法、独特的色彩表现、装饰与功能的结合及装饰的人文性等等，都与中国文化紧密相关。其水平之高超，处理之精妙，意境之深远，皆一点不让他人。中国传统建筑不但具有认识的和审美的价值，如果能从中真正探求到其精神之内核，对于中国当代建筑的创造与发展，仍具有富有生命力的借鉴意义。

目　录

1　九天阊阖开宫殿 ——都城与宫殿

从北京城和北京宫殿说起…1

宫殿和都城史一瞥…15

传统文化对宫殿和都城的决定性作用…26

2　祭神如神在 ——坛庙与陵墓

自然神崇拜与祖先崇拜…31

自然神崇拜的"坛"…33

祖先崇拜的"庙"…43

帝王陵墓…50

3　道法自然 ——园林

中西自然观与中西园林比较…63

江南私家园林…65

华北皇家园林…72

4 吾亦爱吾庐 ——民居

民居的人文性…83

院落式民居…84

集团式民居…90

自由式民居…93

5 梵宫琳寺如画 ——寺观与塔

中西宗教观与中西宗教建筑比较…97

城市寺观…99

山林寺观…113

佛塔…120

6 群星灿烂 ——少数民族建筑

藏传佛教建筑…129

维吾尔族伊斯兰教建筑…149

傣族小乘佛教建筑…154

侗族建筑…158

参考文献…162

凝固的
神韵
中国建筑

1

九天阊阖开宫殿

——都城与宫殿

▌ 从北京城和北京宫殿说起

　　我曾在一篇文章中写道：如果一位外国人到了北京，想了解中国传统文化，而他只有一天时间，他应该干些什么？我的建议是他最好去看看紫禁城，这是中国唯一存在的国家级皇宫。

　　但是，要欣赏中国建筑，却需要另一种与欣赏欧洲建筑不同的眼光，那就是，更多地关注建筑群的总体布局，而不能局限于只欣赏单体建筑的造型。我常说，中国建筑就好比是一幅画，需要总览全局，才能体会到这幅画的神韵；欧洲建筑就好比是一座雕塑，本身就是完整的。实际上，中国建筑的单体造型通常都是比较有限的，更注重的是群体构图，以群中的众多单体的互相衬托，整体地渲染出一种感动人心的氛围，中国人常常是不惜局部地牺牲单体的多样性，以完成群体艺术的高度和谐。

　　宫殿区纵轴线从大清门（又称大明门、中华门）至景山（万岁山）全长约两千五百米，可以分为三段：第一段最长，包括三座连续的宫前广场，是序曲，为高潮的到来作了充分铺垫；第二段是宫城本身，由前朝、后寝和御花园三部分组成，为高潮；第三段最短，自紫禁城北门至景山峰

1

顶，是全曲的有力尾声。中轴两旁的对称宫院则是主旋律的和声。庄重的
建筑造型，高贵的色彩处理，人小方向不一的重重庭院，雕绘华丽的建筑
装饰，都有力渲染了君临四海的赫赫皇权，震慑着人们的心灵，组成了一
曲气势磅礴的皇权交响乐（图1-1）（图1-2）（图1-3）（图1-4）（图1-5）。

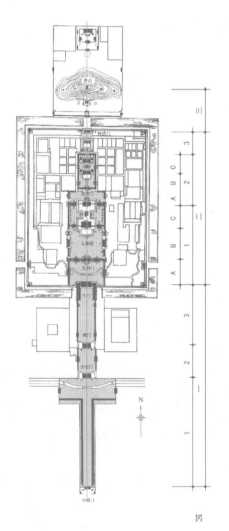

图1-1　北京紫禁城中轴线构图系列分析（萧默／绘）

（右上）图1-2　天安门
（马炳坚等/摄）

（右下）图1-3　午门及
前朝（模型）（萧默/摄）

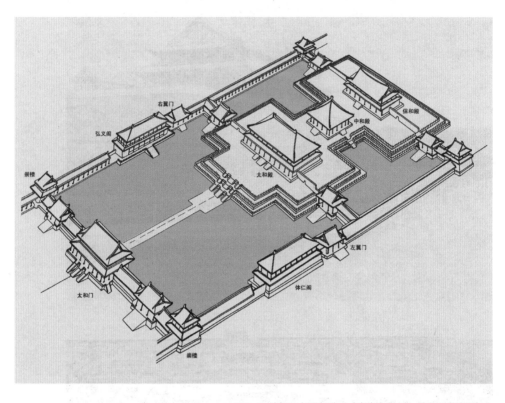

图1-4 前朝三大殿鸟瞰（《巍巍帝都——北京历代建筑》）

图1-5 太和门广场
（萧默/摄）

图1-6 太和殿全景（资料光盘）

前朝由三座大殿顺序组成，其朝会正殿
太和殿是高潮段的最高峰，造型庄重稳定，
是"礼"的体现，强调区别君臣尊卑的秩
序。总体又有着平和、宁静的气氛，蕴含着
"乐"的精神，强调社会的统一协同。整体
的壮阔和隆重，昭示出这个伟大帝国的气概
（图1-6）（图1-7）。

前朝及其前的全部地面都用砖石铺砌，
没有花草树木，渲染出严肃的基调。后寝也
有三殿，布局与前朝相似，但规模只相当于
前朝的四分之一，仿佛交响乐主题部分的再
现（图1-8）（图1-9）。

图1-7 太和殿内（《紫禁城》）

图1-8 乾清宫（楼庆西/摄）

　图1-9 乾清宫内（萧默/摄）

御花园是皇宫内的花园，更小，气氛则转向亲和（图1-10）。

作为宫殿区有力结束的景山是人工堆筑的，中高边低，略向前环抱，是整座宫城的背景和结束。沿山脊建造了五座亭子，正中一座最大，方形，以黄色为主；两旁二亭较小，八角重檐，黄绿相当；最外二亭最小，圆形重檐，以绿为主。五亭在体量、体形和色彩上呈现富有韵律的变化，分别与宫殿和宫外的皇家园林相呼应（图1-11）。

图1-10 御花园（《紫禁城》）

图1-11 角楼和景山（资料光盘）

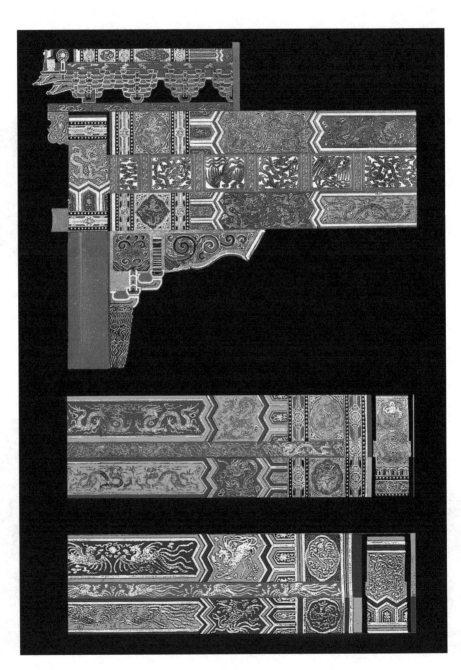

图1-12 金龙和玺与凤和玺（边精一/绘）

在这些建筑中，都采用了气氛庄重严肃的和玺和旋子彩画_{（图1-12）（图1-13）}。

所以，欣赏欧洲建筑，是人围绕着建筑；欣赏中国建筑，则必须进入到建筑群的内部，遍览全局，是建筑围绕着人，这样才能体会到它的气质精髓。这个"群"，甚至还不止是这座建筑群本身，常常还包括它所处的环境，例如紫禁城，就不能与它所处的整个北京分开。

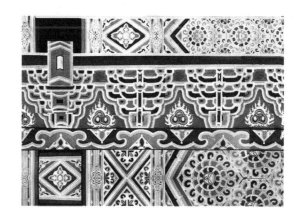

图1-13　旋子彩画
（《中国古代建筑技术史》）

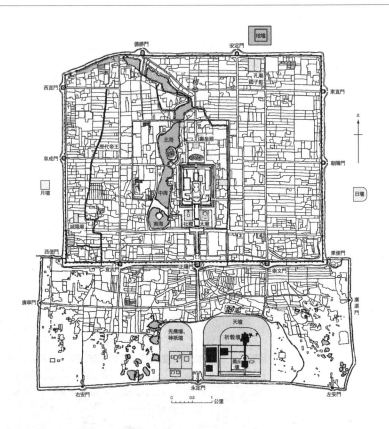

图1-14 清乾隆时代的北京城（《中国古代建筑史》）

北京的北部称内城，内有皇城，紫禁城在皇城内纵轴线上，三城相套，宫殿设在最重要的位置。

太庙和社稷坛位于宫城正门午门前左右，意味着当时中国人的治国理念：皇权是整个社会的核心，族权和神权是它的陪衬。

在城市四面，南有天坛，北有地坛，东、西各有日坛和月坛，形成外围的四个重点，簇拥着皇城和宫城。皇帝在每年冬至、夏至、春分和秋分要分别到天、地、日、月四坛举行祭祀。天地日月、冬夏春秋、南北东西，这种种对应，显示了中国古人天人合一的宇宙观念（图1-14）。

北京全城纵轴线长7.5公里，自南而北也可分为三大段：第一段自外城南门到内城南门，最长，节奏也最和缓，是高潮前的铺垫；第二段自内城南门穿过整个宫殿区到宫殿北面的景山，较短，处理最为浓郁，是高潮所在；第三段从景山至钟、鼓二楼，最短，是高潮后的收束。这三大段仍然像是音乐的三个乐章：分别是序曲、高潮和尾声，相距很近的钟、鼓二楼就是全曲结尾的几个有力和弦。全曲结束以后，再通过北墙左右的两座城门，将气势发散到遥远的天际，像是悠远的回声。在乐曲"主旋律"周围，高大的城墙、巍峨的城楼、严整的街道和天、地、日、月四坛，都是它的和声。整座北京城就是这样高度有机地结合起来的，有着音乐般的和谐和史诗般的壮阔，是可以和世界上任何鸿篇巨制媲美的艺术珍品（图1-15）（图

图1-15 民国时期北京正阳门箭楼（资料光盘）

图1-16 北京正阳门（萧默/摄）

（上）图1-17 正
阳门（楼庆西／
摄）

（下）图1-18
北京鼓楼和钟楼
（高宏／摄）

1-16）（图1-17）（图1-18）（图

1-19）。

著名英国学者李约瑟在他的名著《中国的科学与文明》中谈到紫禁城时曾说："中国的观念是十分深远和极为复杂的，因为在一个构图中有数以百计的建筑物，而宫殿本身只不过是整个城市连同它的城墙街道等更大的有机体的一个部分而已……中国的观念同时也显得极为微妙和千变万化，它注入了一种融汇的趣

图1-19 北京西直门城楼（已毁）

味。"他认为中国伟大建筑的整体形式，已形成"任何文化未能超越的有机的图案"。

中国的地方城市是封建王朝派驻各地的政治统治中心，与欧洲中世纪开始形成的工商城市有本质的不同。为了强化政权，在各地方城市也形成了普遍遵行的模式，尤其北方平原地区的城市表现得更为典型。一般都规整方正，纵轴为正南北向。城四面各开一门，相对二门为干道组成十字，交点处常建钟、鼓楼。衙署都在靠近城市中心的显著部位（图1-20）。而欧洲

13

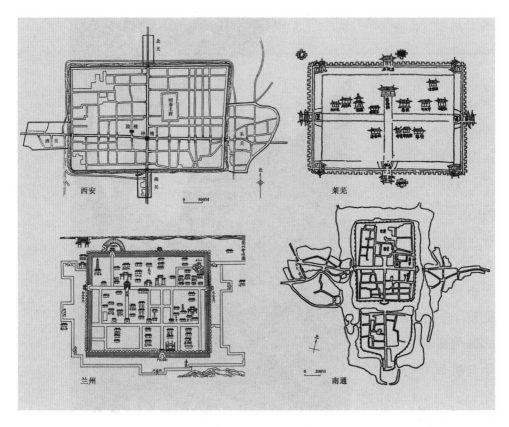

图1-20 明清中国城市典型布局（《中国古代
建筑史》《莱芜县志》《甘肃省志》《中国城
市建设史》）

中世纪的工商城市只是经济中心，以工商业者为主的市民是城市的主人，
封建政治力量比较薄弱。相应于基督教的强大，城市以教堂和具有市民公
共活动中心意义的教堂广场为中心，街道由此呈放射状向外伸展，城市轮
廓比较自由。由此可见，城市与社会整体文化的密切关系。

▍ 宫殿和都城史一瞥

中国的象形字非常有趣，从中可以得到许多历史的奥秘，例如甲骨文"𠆢"（宫）字，就是一座原始穴居小屋：屋顶下面的两个"口"字代表天窗和门，原指所有的房屋。秦汉以后这个字才专属于帝王，与"殿"（高大的房屋）合称，指帝王处理政务和居住的地方。

中国最早的原始建筑，大概出现在距今一万年前的新石器时代早期，现已发掘的最早建筑距今约八千年。在仰韶文化（约公元前5000—公元前3000年）西安半坡遗址中，在圆形村落的中央考古学上所称的"大房子"，用作首领居住、集会和祭祀，就是宫殿的前奏。从夏代起正式出现的宫殿，是一座大殿，殿内分间，但仍然合三种功能为一体。陕西岐山早周（时属晚商）宫殿由两进四合院组成：前院有一座"堂"，是集会和祭祀的地方，后院作居住之用。西周时，功能进一步分化，与都城也加强了联系，这从《考工记》一书中可以明显看到。书中说：匠人营造的王城，方形，每面九里，各开三座城门。城内有九条横街、九条纵街，每街宽可容九辆车子并行；城的中央是宫城，宫城左边设宗庙，祭祀周王祖先，右

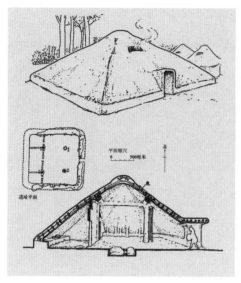

图1-21 西安半坡"大房子"遗址复原图 　图1-22 河南偃师二里头宫殿（《人类文明史图鉴》）
（杨鸿勋／绘）

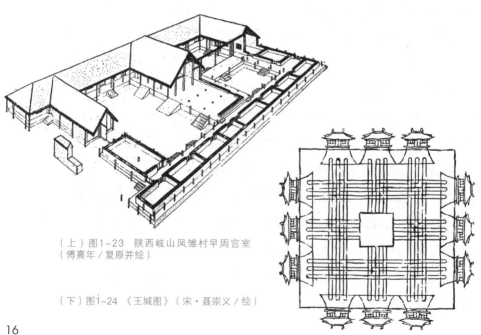

（上）图1-23 陕西岐山凤雏村早周宫室
（傅熹年／复原并绘）

（下）图1-24 《王城图》（宋·聂崇义／绘）

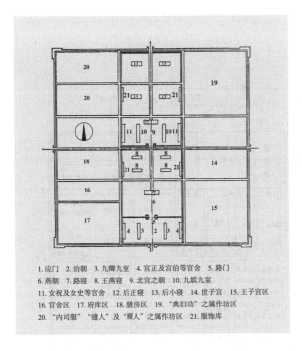

1. 应门　2. 治朝　3. 九卿九室　4. 宫正及宫伯等官舍　5. 路门
6. 燕朝　7. 路寝　8. 王燕寝　9. 北宫之朝　10. 九嫔九室
11. 女祝及女史等官舍　12. 后正寝　13. 后小寝　14. 世子宫　15. 王子宫区
16. 官舍区　17. 府库区　18. 膳房区　19. "典妇功"之属作坊区
20. "内司服" "缝人"及"屦人"之属作坊区　21. 服饰库

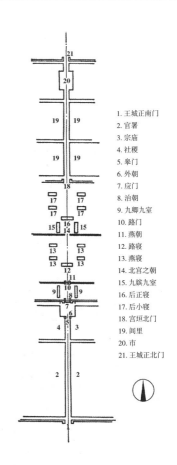

1. 王城正南门
2. 官署
3. 宗庙
4. 社稷
5. 皋门
6. 外朝
7. 应门
8. 治朝
9. 九卿九室
10. 路门
11. 燕朝
12. 路寝
13. 燕寝
14. 北宫之朝
15. 九嫔九室
16. 后正寝
17. 后小寝
18. 宫垣北门
19. 闾里
20. 市
21. 王城正北门

（左）图1-25　河南偃师二里头宫殿（《人类文明史图鉴》）

（右）图1-26　西周王城中轴线（贺业钜／绘）

边有社稷坛，祭祀土地之神"社"和五谷之神"稷"；宫前有称为"外朝"的广场，宫后有官市。可知，这是一座完全规整方正、中轴对称的城市，祭祀建筑已经与宫殿分开了，分别放在宫前两侧。这一规划方式，一直延续到明清 (图1-21)(图1-22)(图1-23)(图1-24)(图1-25)(图1-26)。

唐长安、元大都和明清北京号称为中国三大帝都。

唐长安（今西安）由郭城、皇城和宫城三套城墙合成，面积八十四平方公里，是中国古代最大的城市。街道规整对称，组成方格网，实行里坊制，就是在方格网内布置一百零八座由坊墙围合的"里坊"，大街上只见

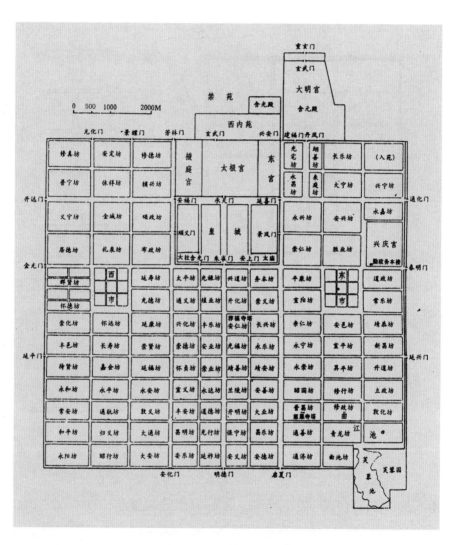

图1-27 唐长安复原图（《中国美术通史》）

坊墙，不见居户。市场局限在某几座坊内，入夜全城宵禁，交易停止。长安纵轴长近九公里。皇城南面横轴大街以南，两旁有集中的市场，与位于全城北部正中的皇城、宫城呈"品"字形相呼应。皇城内是中央衙署，东

18

南和西南两角有太庙和大社（社稷坛），北部宫城中集中三座宫殿，以中部朝会正宫太极宫最大，东、西各有太子和后妃的宫殿。

从郭城而皇城而宫城，长安好像一幅组织有序的巨大画面，宫城和皇城像是画中的高潮，非常突出，郭城就好像是一个精心制作的画框（图1-27）。

太极宫以呈倒"凹"字形的宫阙（正门）为"大朝"，举行国家大典；内过太极门是太极殿，为常朝，皇帝每月两天在这里听政；殿后过朱明门和两仪门为两仪殿，是日朝，皇帝平常在这里处理政事。以后的甘露殿是皇帝退朝后休息的地方。左右二路的殿院与中路一起，构成宏大的组群。

唐长安东北增建了另一宫殿大明宫，地势高敞，规模比太极宫更大。正殿含元殿非常宏伟壮观，充分反映了大唐盛世的建筑艺术水平。大殿左右接以廊道并向前围合，与建在高台上的两座楼阁相连，也围成凹字形，是现存紫禁城午门的前身。含元殿性格辉煌而欢乐，是充满自信心的大唐

图1-28 唐长安大明宫含元殿（《人类文明史图鉴》傅熹年／复原）

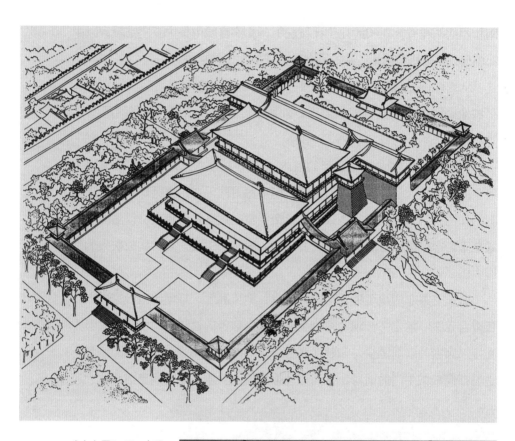

（上）图1-29 大明宫麟德殿复原透视（傅熹年／复原并绘）

（下）图1-30 大明宫麟德殿正面（于立军/绘）

盛世时代精神的体现（图1-28）。大明宫内西侧高地上的麟德殿由四殿合成，规模很大，是举行大宴的地方（图1-29）（图1-30）。

唐代国力强大，声威远播东亚，对朝鲜、日本等相邻各国都产生了很大影响。盛唐以前，外患平定，四夷君长共尊唐太宗为"皇帝天可汗"。而此时的欧洲，还没有脱离开所谓"黑暗时代"的中世纪漫漫长夜，思想上受到教廷的严格扼制，政治分散割据，只存在一些小块领地，经济发展迟缓。可以说，唐代的中国是当时世界当之无愧的最强大的国家。

唐代文化充满了一种自信、清新而洒脱的格调，唐代建筑规模宏大，重视本色美，形成了一种高昂、豪健爽朗和健康奋进的文化氛围，正是时代精神的凝练。

汴梁（今开封）可以说是唐长安与元大都之间的过渡，比起唐长安，有三个重大发展。一是宫殿被安排在城市中央的宫城内，外围内城和外城，三城相套。但宫城是利用唐汴州城的州衙改造而成的，规模仅相当于唐太极宫的百分之十几（图1-31）。二是随着经济的发达，废除了里坊制，商铺和居户可面对大街开门，形成繁华的商业街。这

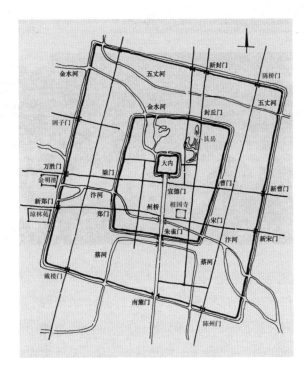

图1-31 北宋汴梁复原平面（开封宋城考古队）

21

（上）图1-32 汴梁城门
（宋·张择端《清明上河图》）

（下）图1-33 汴梁街道
（宋·张择端《清明上河图》）

些，在《清明上河图》中有生动具体的表现（图1-32）（图1-33）。三是在宫殿前方设置了"丁"字形广场，广场的焦点宣德门继承了隋唐宫阙的特点，平面呈倒"凹"字形，形象壮观。传世品北宋铜钟，铸有宫阙形象，开门五道（图1-34）。这些，都为元、明所继承。

图1-34 宋徽宗《瑞鹤图》和北宋铜钟表现的宣德门（傅熹年／摹）

元大都是明清北京的前身。虽然元代是蒙古人统治的皇朝，但仍鲜明体现了儒学的审美理想。大都以琼华岛天然水面（今北京北海、中海）为中心，宫城（大内）在湖的东岸。湖西有两座小宫，太液池穿插其间，成为皇家园林。

大都基本方形，除北面两门外，其他三面均开三门，大街除被宫殿区和湖泊打断外，皆纵横相通，基本上是九经九纬。皇城和宫城偏于全城南部。皇城之北鼓楼一带是最主要的市场。在都城东西城门内路北分建太庙和社稷坛。这些，都反映了它对《考工记》的继承（图1-35）。

大都宫殿现已不存，但据当时的文献记载，仍可知大致情况。宫前广场也是"丁"字形，大内的东、西宫墙与今北京紫禁城东西墙相重，南、北宫墙均在后者之北，面积与紫禁城相当。四面正中各开一门，四角各有角楼。其南门崇天门也称午门，继承了隋唐宋各朝的"凹"字形宫阙形

23

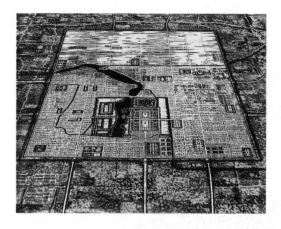

图1-35 元大都鸟瞰（网载）

制，非常壮丽。宫城内依轴线前后各围成两座大院，前院大明宫用于朝会，后院延春宫内有延春阁，供日常居寝。两院之间的横街，左右通向宫城之东、西华门。两院内都有"工"字形殿堂（图1-36）（图1-37）（图1-38）。

元代"建都定鼎，树阙营宫，以非巨丽无以显尊严，非雄壮无以威天下"，显然十分重视建筑艺术的精神功能。

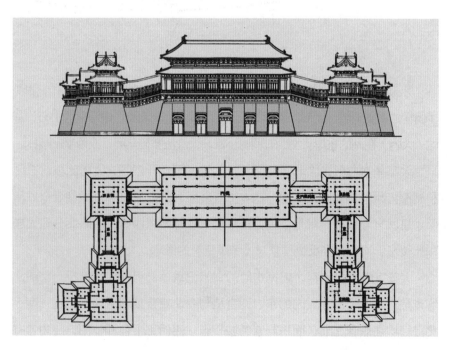

图1-36 元大都皇宫崇天门（傅熹年／复原并绘）

图1-37 元大都皇宫大明宫（模型）（首都博物馆/藏）

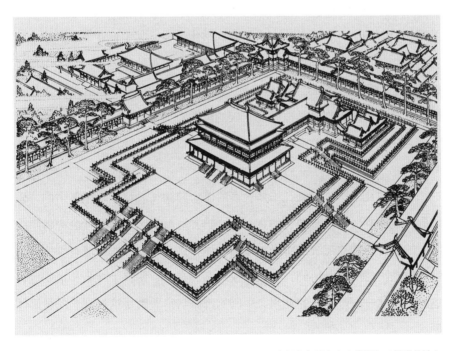

图1-38 元大都皇宫延春宫（傅熹年／复原并绘）　　25

传统文化对宫殿和都城的决定性作用

以儒学为主导的中国传统文化历来就是以人为本的，但这里的"人"并不是主要指个人，而是由个人组成的整体社会。其主旨在于强调整个社会的长治久安、和谐与稳定，是在一种礼乐实用观的指导下，加强中央集权即"君权"的具体政治运作，而与欧洲中世纪的"神本主义"文化不同。在建筑上的表现则是以弘扬君权的宫殿及与宫殿密切相关的都城规划为主且成就最高，与欧洲长期以来以弘扬教权的宗教建筑为主且成就最高有别。

所谓"礼乐"，从以孔子为代表的儒家典籍《礼记·乐记》中的"乐统同，礼辨异"可以知道它的意义："辨异"就是区别等级社会中各阶级阶层的地位，建立起统治阶级的政治秩序，这是"礼"的职能；"统同"就是维系民心的统一协同，承认君权的高高在上，使整个社会和谐安定，这就是艺术——"乐"的功用。中国的都城与宫殿就是这种观念的最好体现。

到了春秋战国，孔子的儒家利用建筑艺术来烘托王权的观念更上升到理论的高度，前述的"礼乐"观念，到此时已完全成熟了，并几千年来一直延续下来，直到明清紫禁城。

甚至，儒家把 "礼乐"观与建筑的出现也联系了起来。《礼记》说，远古先王时代，本来没有建筑。人们冬天住在地穴里，夏天住到树巢上……后来圣人想出了办法，利用火来熔炼金属、烧制陶瓦，才造成了各种建筑，用来接待神灵和先祖亡魂，严明了君臣的尊卑，增进了兄弟父子的感情，使上下有序，男女界限分明。

尊卑当然强调等级秩序，可以通过建筑的数量、体量和形象来区别，如天子的宗庙应该拥有七座殿堂，诸侯只能有五座，大夫三座，士一座；天子的殿堂台基应该高九尺，诸侯七尺，大夫五尺，士三尺；只有天子和诸侯的宫城可以在建造上有城楼的"台门"等。

儒家还第一次从理论上高度概括了中轴对称的建筑群体布局对于烘托尊贵地位的重要，提出"中正无邪，礼之质也"的看法，主要殿堂当然就应建在中轴线上接近中心的最重要的位置。

儒家还提倡一种"温柔敦厚"的艺术风格，强调中庸之道，执其两端而取其中，不走极端，温柔敦厚，追求普遍和谐，也对中国艺术包括建筑艺术的总体风格产生了很大影响，甚至也是形成中国人的趋于平和、宁静、含蓄、内向的心理气质的原因之一。

特别受儒家思想影响的中国人，更重视一种内在的精神的不朽，对于"身外之物"包括建筑，也总是持一种相当现实的态度，不追求永恒，所以长期以来主要采用木结构，是世界七个建筑体系（古埃及、古巴比伦、中国、古印度、欧洲、伊斯兰和古代美洲）中唯一一个以木结构为主的体系。这一点，同样也应该与儒家主张的"仁者爱人""节用而爱人，使民以时""罕兴力役，无夺农时"等思想及上述追求温柔敦厚的审美趣味有关。而欧洲建筑和伊斯兰建筑却总是追求一种现实可视的不朽，尤其欧

27

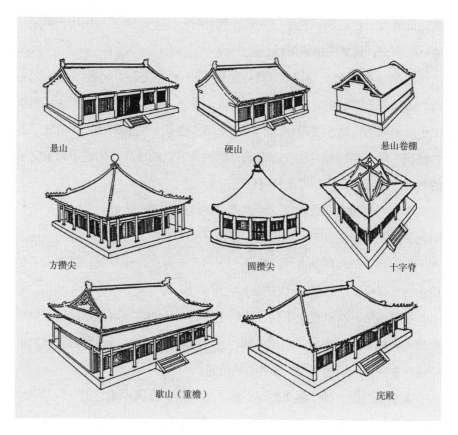

悬山　　　　　　硬山　　　　　　悬山卷棚

方攒尖　　　　　圆攒尖　　　　　十字脊

歇山（重檐）　　　　　　庑殿

图1-39 中国建筑单体造型（《中国古代建筑史》）

洲，长期以来凡重要建筑都用石头建造。一座教堂，动辄就要花上几十年甚至几百年，费工耗时。

受木结构材料的限制，中国建筑单体不能太大，体形不能很复杂，为了表现宫殿的尊崇壮丽，发展了群体构图：建筑群向横向生长，占据很大一片面积，通过多样化的院落方式，把群中的各构图因素有机组织起来，以各单体的烘托对比、庭院的流通变化、庭院空间和建筑实体之间的虚实互映，室内外空间的交融过渡，来达到量的壮丽和形的丰富，渲染出强烈的气氛，给人以深刻感受。可以说，"群"是中国建筑的灵魂，甚至为了"群"的完美，还不惜局部地牺牲单体的多样化。中国建筑更具有一种"绘画"之美，群中的每一座建筑单体就像是画中的一些长短粗细浓淡不同的线，如果离开全画，这些线就失掉了意义。群外围绕的城墙或院墙则是画框。城楼、角楼或院门，则是画框上的重点装饰。"画框"里的单体内向而收敛。欧洲建筑则更具有一种"雕塑"之美，本身就是完整的，形体的雕塑感很强，外向而放射，几乎每座都不同，争奇斗胜，凸显自己。欧洲建筑是人围绕着建筑，而不像中国，是建筑围绕着人。总之，中国的建筑重在创造一种群体的内在意境之美，比较含蓄，更多潜化之道；欧洲建筑则重在创造单体的外在形体之美，比较张扬，更多震撼之力。

　　中国建筑单体殿堂的形式，是以在造型中起到很大作用的屋顶来分类的，主要有硬山（两坡，左右边缘在山墙处终止）、悬山（左右边缘从山墙向外伸出两坡）、歇山（上部为悬山，下部为四坡）、庑殿（四坡）和攒尖（用在正多边形或圆形平面，各坡屋顶向中心聚成一个尖形）等五种基本形体。以这五种为基础加以变通和组合，可形成更多的形象（图1-39）。

2

祭神如神在
——坛庙与陵墓

▌ 自然神崇拜与祖先崇拜

　　中国是一个早熟的社会，当其进入文明社会之后，源于原始社会的许多观念如祖先崇拜和自然神崇拜观念仍然保留了下来，并被儒家加以整理和强化，而流传久远。儒家本是一个十分重视现实人世的学派，对于鬼神之事，即使不完全否定，也持着相当回避的态度。当有人问起有关鬼神之事的时候，孔子总是机智地回答说："未能事人，焉能事鬼？"积极提醒人们注意人事。但儒学也敏感地察觉到这两种崇拜对于现世的意义，而按照自己的观念加以改造，即特别强调祖先崇拜体现的血缘关系，以维系宗族尤其是统治者宗族内部的团结；将自然神等级化，以反证人间等级存在的合理性。是以族权和神权为烘托，达到巩固现世君权的目的。这种观念对后世影响很大，所以，中国就出现了一整套中国特有的"祭祀（礼制）建筑"（坛庙、神祠、宗庙、宗祠），并特别重视帝王陵墓的建设。欧洲则除了宗教建筑（早期为泛神论的神庙，基督教兴起以后为教堂）以外，并没有中国这种可称之为准宗教建筑的各级"祭祀建筑"。许多民族，虽然至今仍保有自然神崇拜和祖先崇拜等观念，却没有得到过像中国儒家那

31

样的整理而系统化、体制化。

祭祀自然神的典礼多在露天一座高台上举行，高台被称为"坛"，如天坛、地坛、日坛、月坛。有些自然神被更加拟人化，祭礼常在室内，此建筑被称为"庙"，如泰山的岱庙、嵩山的中岳庙。祭祀祖先都在室内，此建筑被称为"庙"或"祠"，如太庙、祖庙、孔庙、宗祠和各类先贤祠。它们合起来就是"坛庙"，既不同于宗教寺庙，也不同于直接用于人的生活的宫殿、住宅或园林，其中坛可以被认为是一种准宗教建筑，庙则更多具有纪念堂的意义。

祖先崇拜的观念，经过儒家的强调，转化为孝道，使中国人特别重视安排自己祖先的归宿，即坟墓。坟墓是祖先在另一个世界的住所，称作"阴宅"，理应像"阳宅"一样予以充分重视甚至更加重视。再结合对君权的强调，帝王陵墓就成了一种重要的建筑类型。欧洲虽然也有陵墓，却不具有中国的这种文化内涵，也不具有体系的传承性。

陵墓下面的墓室瘗葬帝王，墓顶堆起有如一座小山的封土。古人从自然界的崇山大河、高树巨石中体验到超人的体量所蕴含的崇高，从雷霆闪电、狂涛流火中感受了超人的力量包藏的恐怖，把这些体验移植到建筑中，巨大的体量就转化成了尊严和重要。所以君王的坟堆就特别高大，特称为"陵"或"陵墓"。陵字原意就是高大的山。

▌ 自然神崇拜的"坛"

西汉长安的"明堂辟雍"、山西汾阴后土祠、北京天坛都是历史上著名的祭坛。

所谓"明堂",夏称"世室",商称"重屋",西周方称"明堂"。据先秦文献,有说是布政之宫,有说是用以明诸侯之尊卑,又有许多烦琐的象征规定,大约最初属于宫殿与祭祀功能混沌未分而侧重祭祀的建筑,到汉武帝时,其概念和形制已很模糊,古儒聚讼,莫衷一是。据记载,汉武帝曾在泰山下建有明堂,入祀泰一、五帝、后土诸神,配祀高祖,可知汉代的明堂是一种综合性祭祀建筑。

"辟雍"一名,首见于《礼记》,其制"象璧,环之以水,象教化流行",性质像是儒者的纪念堂或习礼之所,也是帝王讲演礼教的地方。

王莽在长安所建的"明堂辟雍"合二者为一,在长安南墙正中安门外大道路东。外围方院,每边长二百三十五米,四面正中开门,有两层的门楼,院外绕以环形水沟,院内四角建曲尺形配房,正中有一座折角十字形平面高

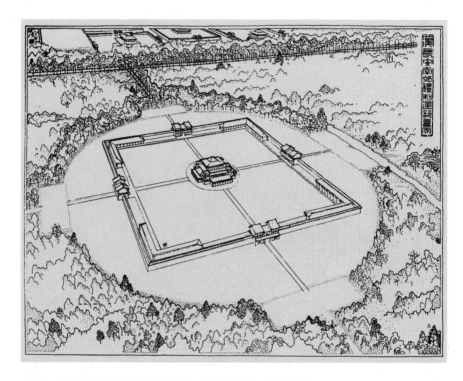

图2-1 汉长安南郊"明堂辟雍"复原图（王世仁/复原，傅熹年/绘）

台。据复原，下层四面走廊内各有一堂，每堂各有左右夹室，共为"十二堂"，象征一年的十二个月；中层每面各有一堂，四堂的外面是下层四廊的平顶；上层台顶中央建"土室"，四角小方台台顶各有一亭式小屋，为金、木、水、火四室，与土室一起，是祭祀五位天帝的地方。五室间的四面露台用来观察天象。全体各部尺寸又有许多烦琐的数字象征意义。

　　整群建筑十字对称，庭院广阔，气度恢弘，很符合它的包纳天地的身份。中心建筑以台顶中央大室为统率全局的构图中心，四角小室是陪衬，壮丽庄重。中心建筑外向，与四围建筑遥相呼应；四角曲室内向，和中心建筑取得均衡。匠师们在这座建筑中既要满足礼制规定的多种使用功能要求，又

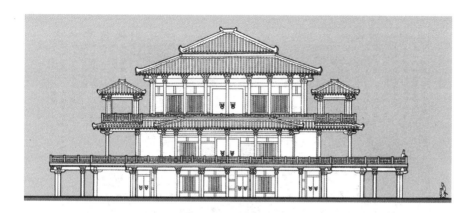

图2-2 汉长安南郊"明堂辟雍"复原立面图（《人类文明史图鉴》）

图2-3 西汉长安王莽九庙遗址出土四神瓦当（《汉代图案选》）

要照顾到各种烦琐的象征意义，更要以其不同一般的体形体量组合，造成符合建筑性质的审美效果，的确是一个建筑艺术精品（图2-1）（图2-2）（图2-3）。

山西汾阴（今万荣县）早自西汉就是皇帝祭祀后土之神的地方，汉武帝已在此建祠。汉以后各朝虽在都城南北郊分建天、地二坛，但帝王仍常到汾阴行礼。现存刻于金代的庙像图碑，反映了宋金后土祠的状况，规模很大。主体为一平面"日"字形的巨大廊院。日字正中一横为主殿坤柔殿，殿后以中廊连寝殿，合成"工"字形。廊院门、殿之间有名为路台的方形平台一座，台东西各立乐亭一座，殿前有方形水池，总体与敦煌壁画所绘的图像相似。大廊院左右各有南北紧连的四个小院，通过东、西回廊与主院相连。在整个这一区域的前面有前后串联的三个大院，院内左右建

35

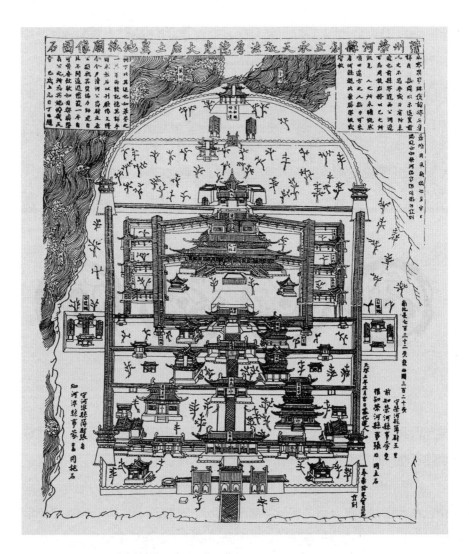

图2-4 山西汾阴后土祠金刻庙像图碑（王世仁/摹）

楼阁或殿堂。包括三个前院在内，四周围以高大院墙，四角建筑角楼。全
祠最前部又有一重院子，南墙上立三座棂星门。全祠最后部围以半圆形围
墙，中轴线上有两座高台，台上建屋。

图2-5 隋唐
长安天坛遗址
（《巍巍帝
都——北京历
代建筑》）

　　庙像图碑第一次详尽表现了古代大型建筑组群的完整格局，气势磅礴，布局严谨，疏密有序，重重庭院为高潮的出现作了充分的铺垫，是一个典型的国家级大型建筑群。可以看出它的总体布局方式与宫殿、大寺没有根本的不同（图2-4）。

　　现存最著名的坛庙是北京天坛，是世界级的艺术珍品，其艺术主题为赞颂至高无上的"天"，全部艺术手法都是为了渲染天的肃穆崇高，取得了非常卓越的成就。

　　天坛在北京南城正门内东侧，是明清两代皇帝祭天的场所，始建于明永乐十八年（1420年）。祭天的坛平面圆形，称圜丘，改建于清乾隆十四年（1749年）。祈祷丰收的祈年殿重建于清光绪十六年（1890年）。其实，在唐长安南郊也发现过唐代天坛的遗址（图2-5）。

　　天坛范围很大，东西一千七百米，南北一千六百米，有两圈围墙，南面方角，北面圆角，象征天圆地方。由正门（西门）东行，内墙门内南有斋宫，供皇帝祭天前住宿并斋戒沐浴。再往东是由主体建筑形成的南北纵

图2-6 北京天坛鸟瞰（萧默/摄）

轴线。圜丘在南，三层石砌圆台。圜丘北圆院内有圆殿皇穹宇，存放"昊天上帝"神牌，殿内的藻井非常精美。再北通过称作丹陛桥的大道，以祈年殿结束 （图2-6）（图2-7）（图2-8）（图2-9）。

　　天坛利用环境艺术手法以突出"天"的主题，建筑密度很小，覆盖大片青松翠柏，涛声盈耳，青翠满眼，造成强烈的肃穆崇高的氛围。内墙不在外墙所围面积正中而向东偏移，建筑群纵轴线又从内墙所围范围的中线继续向东偏移，共东移约二百米，加长了从正门进来的距离。人们在长长的行进过程中，似乎感到离人寰尘世越来越远，距神祇越来越近了。空间转化为时间，感情可得以充分深化。圜丘晶莹洁白，衬托出"天"的圣洁空灵。它的两重围墙均只有一米多高，对比出圆台的高大，也不致遮挡人立台上四望的视线，境界更加辽阔。围墙以深重的色彩对比出石台的白，墙上的白石棂星

图2-7 天坛建筑群（《中国建筑艺术史》）

图2-8　皇穹宇殿
（萧默/摄）

图2-9　皇穹宇藻井
（孙大章/摄）

图2-10 祈年殿（萧默/摄）

门则以其白与石台呼应，并有助于打破长墙的单调。长达四百米，宽三十米的丹陛桥和祈年殿院落高出周围地面，同样也有这种效果。

祈年殿，圆形，直径约二十四米，三重檐攒尖顶覆青色琉璃瓦，下有高六米的三层白石圆台，连台总高三十八米。青色屋顶与天空色调相近，圆顶攒尖，似已融入蓝天。所有这些，都在于要造成人天相亲相近的意象（图2-10）（图2-11）。

图2-11 祈年殿藻井
（马炳坚等/摄）

　　天坛又广泛使用象征和隐喻手法以渲染主题，如多用圆形平面，圜丘的台阶数、栏杆数、坛上铺石的圈数和每圈石块数，都使用象征"天"的数字九或九的倍数。祈年殿采用与农业有关的历数，以象征四季、十二月和二十四节气。

　　在形式美的处理上，天坛的建造者们也作了许多努力。如居于轴线两端的皇穹宇、祈年殿形象相近，首尾呼应；南端的圆台圆院与北端的方院又有对比。这两个重点用丹陛桥联系起来，构成一个整体。此外，如各建筑物的尺度、色彩和造型比例都经过仔细推敲，在主要视点处的视觉效果尤其受到重视。站在祈年门的后檐柱处望祈年殿，无论是水平视角还是垂直视角，都处于最佳状态，且左右配殿都退出此视野以外，从而突出了祈年殿。

▎ 祖先崇拜的"庙"

在中国，伟大的教育家和思想家孔子历来都受到全社会的极大崇敬，由官方建庙崇祀，就是各地孔庙，是一种广义的祖先崇拜。最大的孔庙在孔子家乡曲阜，现存建筑多为明清两代由皇家主持建造。

曲阜孔庙坐北朝南，宽约一百四十米，南北长达六百余米，狭而深长。自南而北全庙由多进院落组成，前三进是前导，第四进大中门以后是孔庙主体，门内有高大的藏书楼奎文阁。第五进东西横长，有横路通向城市干道，院内有各代碑亭十三座。第六进分左中右三路，以中路为主，大成门内的杏坛象征孔子讲学的地方，覆重檐十字脊歇山屋顶，造型很好。大成殿是孔庙核心，也是全系列的高潮，石头檐柱满雕盘龙，屋顶为重檐歇山顶，规格很高，殿前宽大的月台在举行大祭典时陈列舞乐。院落东西廊庑奉祀孔子门徒和历代大儒。院后寝殿祀孔子之妻。第七进中路为圣迹殿，藏孔子圣迹图石。

以上建筑大多是黄琉璃瓦，红柱红墙白石栏杆，通行明清北京官式做法。总观孔庙，很像宅第或衙署的放大，更似宫殿的缩小，凡紫禁城的天

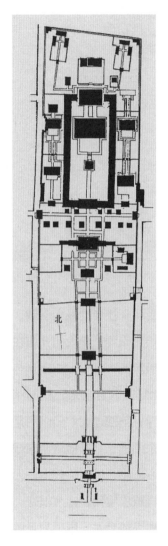

图2-13 曲阜孔庙杏坛（《中国古建筑大系》）

图2-12 曲阜孔庙总平面图（李允鉌/绘）

图2-14 曲阜孔庙大成殿（《曲阜古建筑》.）

安门、端门、午门、太和门及其前的横路，以至前朝后寝，仿佛在孔庙中都有其对应（图2-12）（图2-13）（图2-14）。

图2-15 四川资中文庙鸟瞰（《四川古建筑》）

儒家思想是中国占正统地位的思想，各地也都建有孔庙，又称文庙，布局大致相同，由前至后中轴线上一般由照壁、棂星门、泮池、大成门、大成殿、崇圣殿等建筑组成，如四川资中文庙（图2-15）。

民间也有不少祭祀建筑，或祭祀家族祖先，称祠堂；或祭祀先贤圣哲，总称先贤祠；还有祭祀民间信仰诸神的神祠。

南方现存的祠堂大多建于清代，现举安徽徽州罗东舒祠为例。罗东舒祠在安徽黄山市徽州区呈坎村，建于明代1539—1612年，号称"江南第一祠"，虽以人名命祠，却仍属宗祠。

祠堂坐西向东，临河负山，基地呈纵深矩形，自前至后由照壁、棂星门、仪门、享堂和后寝组成。照壁三面围合，在棂星门前形成狭长的

45

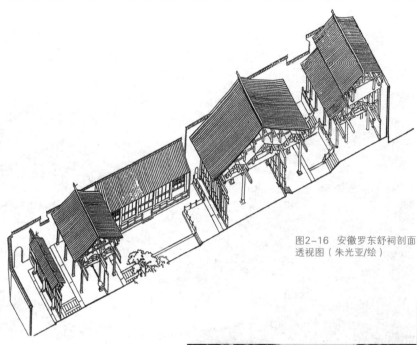

图2-16 安徽罗东舒祠剖面
透视图（朱光亚/绘）

祠前小广场。棂星门通贯祠堂
全宽，为栅门，上覆短檐，石
柱冲天出头。门内过一窄长空
间为仪门，后为方阔的享堂前
庭，有厢房。享堂最大，举行
祭祀大典，从堂内后部屏壁两
侧绕行至堂后门，为狭长的后
天井，建两层的后寝，底层供
奉罗东舒牌位，楼上藏御赐珍
宝、族谱家史和诗书文墨（图
2-16）（图2-17）。

图2-17 罗东舒祠后寝宝纶阁（罗来平/摄）

46

图2-18 歙县棠樾村祠堂（张青山/摄）

　　由罗东舒祠说明，宗祠是以享堂为中心，突出祭祀功能，前临大院，再前有层层空间引导，最后以高起的楼阁结束，序列完整，布局规整对称，虽大体同于住宅的前堂后寝，规模和体制却隆重得多。七间棂星门和十一间的后寝都很罕见，超出了当时规制。宗祠在南方分布较多，常常是乡村中最重要的建筑，如安徽歙县棠樾村祠堂（图2-18）。

　　先贤圣哲历来是中国人崇敬和追慕的对象，除了曲阜孔庙为官式建筑外，民间也广泛建造祭祀建筑，如各地孔庙（文庙）、武庙（祀关羽）、四川都江堰二王庙（祀秦国治岷有功的太守李冰父子）、陕西韩城司马迁祠、成都及各地的多座武侯祠（祀诸葛亮）等。这些祠庙，略同于现代的人物纪念馆，其泛家族的色彩使它们具有更多的人文文化内涵，起着强化

图2-19 祖庙屋顶群（白佐民/摄）

全民族共识的作用。人们认为，被崇祀对象的诸如仁义、忠勇、智慧、坚毅等优良德行，与宗亲血缘之情一样，都应该得到后人的继承。

神祠所祀的是民间信仰的各类神灵，与佛寺相比，规模较小，与民俗活动有更多关联，更多体现了市民的审美趣味。

较著名的神祠建筑如广东佛山祖庙、台湾北港朝天宫（妈祖庙）等（图2-19）（图2-20）。

民间建筑与官方建筑在文化理念及艺术风格上有许多不同。"建筑是人类文化的纪念碑"，为帝王、文人、市民和庶民等不同人群建造的建筑，必然会显现出不同的艺术性格和面貌。大体而言，官方建筑、文人建筑、市民建筑和庶民建筑，它们的艺术风格可分别以"庄""雅""俗""朴"四个字来概括。官方建筑的庄严隆重、宏伟壮丽和华美斑斓，使它高踞于建筑艺术的最高层，以"非壮丽无以重威"的设计思想来震慑人生；文人建筑"贵精而不贵丽，贵新奇大雅，不贵纤巧烂漫"，以清新典雅，明丽简洁的气质来陶冶人生；市民建筑则更多耳目之娱的趣味，以繁丽纤巧，鲜衣彩服来娱乐人生；庶民建筑则以安居乐业为其最高追求，以其质朴无华显出真实自然的风貌，并以多姿而淳朴的民

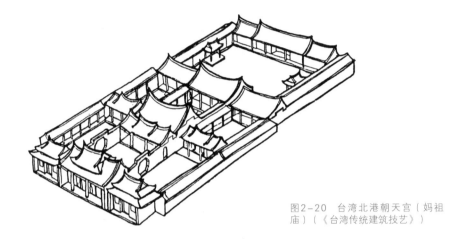

图2-20　台湾北港朝天宫（妈祖
庙）（《台湾传统建筑技艺》）

风民俗所体现的融融乡情来安慰人生。与官方建筑相对应的民间建筑，包括了文人、市民与庶民建筑的几种内涵，它们与官方建筑的气质差异，大体上可类比于民间美术与宫廷美术的不同。但由于不同阶层的人们都笼罩在浓厚的传统文化的氛围中，那种以儒学为主导的宗法礼制思想和以天人合一为核心的自然观，渗透在几乎所有的建筑类别之中，同时，二者在艺术手法上的交融，也使得它们具有很多的共通性。

可以认为，民间祠祀建筑的艺术风格主要体现了文人和市民二者的整合。宗祠、先贤祠可能更多一些文人气质，神祠则大体取决于市民的审美趣味。庶民建筑则更多体现为各地中下阶层的民居。

▎帝王陵墓

　　帝王的坟墓称陵墓，"陵"字原意为山丘，喻墓上的土堆（封土）很大。但春秋战国以前商王和贵族的坟墓没有封土，虽然墓下规模十分宏大。王墓为十字墓或中字墓，即在竖穴大墓室的四面或前后两面都有墓道，贵族是中字墓或甲字墓，并有殉葬人、马和车，墓上却是平地。只有少数在墓上平地建造享堂，以供祭祀（图2-21）。战国更多大墓已有封土，"陵墓"一词到战国也才开始流行（图2-22）。此后从秦汉直到明清，除某些少数民族帝王入主中原的朝代外，帝王陵墓顶上都堆筑有巨大的土堆。

　　秦和西汉的陵墓发展出一种成熟的形制，是一些方锥台形的土堆，称为"方上"。围绕方上四边筑墙，多为方形，一直到唐代和北宋基本都是这样。秦始皇陵附近发现许多与人、马同大的兵马俑，表示为秦始皇的军

（右上）图2-21　殷商十字墓人殉场景（《人类文明史图鉴》）

（右下）图2-22　中山王墓（傅熹年/复原并绘）

50

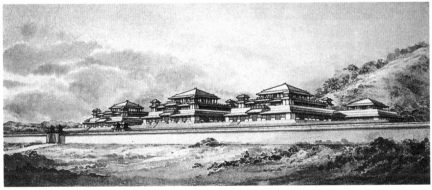

51

图2-23 秦始皇陵（《中国古建筑大系》）

图2-24 秦兵马俑和秦军像（《人类文明史图鉴》）

队。汉代陵墓前称为神道的大道已出现在两侧排列许多相对的石阙和石兽的做法（图2-23）（图2-24）。

唐陵大多分布在渭河北岸，号称"关中十八陵"，多利用自然孤山穿石成坟，其气势磅礴，比人工封土还要壮观。如高宗和武则天合葬的乾陵，以梁山主峰为陵山，高出陵前神道约七十米。各陵以层峦起伏的北山为背景，南面横亘广阔的关中平原，与终南、太白诸山遥相对望。渭河远横于前，近处都是平地，更衬出陵山主峰的高显，气象辽阔。唐陵继承了汉陵的传统，围墙四面正中为门，设门楼，四角设角楼，象征皇宫。南门朱雀门外是长达三四公里的神道。神道南端起点处两边排列土阙，阙后为门。离朱雀门约一公里有第二对土阙及第二道门，再由此门通向朱雀门前的第三对土阙。在第一、二道门之间的广大范围内分布上百座陪葬墓，象征长安城的里坊区。第二道门以内象征皇城，神道两侧排列华表、翼马、浮雕鸵鸟、石马各附牵马人和石人等许多石刻，象征皇帝出行的仪仗队。整个陵区范围有的甚至大过长安城。陵区广植松柏杨槐，将石刻衬托出来。这些石刻丰富了陵区内容，扩大了陵区控制空间，对比出陵丘的高大，对于渲染尊严和崇高的气氛起了很大作用（图2-25）（图2-26）。

北宋皇陵在河南巩县，规模较小。由秦到北宋，陵旁附近建有下宫，视死如生，日日祭祀（图2-27）。

明代北京北郊天寿山下集中成祖朱棣及以后十二帝的明十三陵，采取成团布置方式。

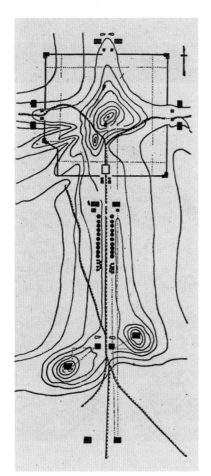

（左）图2-25　陕西乾县唐乾陵总平面图（《中国古代建筑史》）

（下）图2-26　乾陵（楼庆西／摄）

图2-27 河南巩县宋永昭陵神道（罗哲文/摄）

图2-28 《明十三陵》（清代绘图）（首都博物馆藏）

天寿山山岭呈向南敞开的马蹄形，在马蹄最北中央，山麓下建成祖长陵。长陵之南7.3公里有气势宏大的石牌坊，是陵区起点。往北在马蹄敞口处，有两座东西对峙的孤立小山冈，在二者之间建"大红门"。门内碑亭体量十分巨大，内置巨碑。亭外四角置白石华表各一，丰富了造型，加大了对辽阔空间的控制范围。亭北为公共神道，两旁也有许多石刻，北端以并列的三座石棂星门结束（图2-28）（图2-29）（图2-30）（图2-31）（图2-32）。

图2-29 明十三陵石牌坊（萧默/摄）

图2-30 明十三陵大碑亭（刘大可/摄）

（左上）图2-31 明
十三陵神道（《中国
建筑艺术史》）

这一系列布置以长陵正后方的天寿山主峰为对景，
而略偏向东侧。这是因为东侧山岭较低，偏向东侧有利
于通过透视效果取得东西大致均衡的感觉。

长陵前后三院同宽，围以红墙。陵门砖建三孔券，
第一进院东侧有碑亭。院北进祾恩门为方形大院，祭殿
称祾恩殿，是中国现存规模仅次于太和殿的殿堂。殿前
左右原有配殿。殿北第三座门称内红门，再北才是坟堆
所在。这时的坟堆已不是"方上"，而是圆形，以城墙
样的高墙围护。坟前轴线上有单间牌坊一座、石桌一张
和如同城楼的方城明楼。明楼方形，内砌十字券洞，立
大碑，作碑亭用（图2-33）（图2-34）（图2-35）。

（左下）图2-32 明
十三陵神道棂星门
（萧默／摄）

图2-33 明十三陵长陵鸟瞰（高宏/摄）

图2-34 长陵祾恩殿（楼庆西／摄）

图2-35 长陵二柱门与方城明楼（萧默／摄）

这一区建筑，有前后两个相连的高潮，即棱恩殿和方城明楼。前者木结构，体量横长；后者砖石结构，体量竖高，作城楼形式，与前者对比鲜明，给人以深刻印象。全部建筑都是白台红墙朱柱黄瓦，一派皇家气象，在庭院内外和坟堆上满植松柏，气势萧森。

其余十二座陵分散在长陵两翼，略呈弧形。

清朝，北京的东西分建了东陵和西陵。无论是选址原则还是具体布局，都与明十三陵相似，只是取消了各陵陵门，而以棱恩门代替，碑亭也移到了棱恩门前广场中央。这一处理，丰富了陵前广场，也突出了碑亭的地位。东、西陵按"风水"观念选址，都是北依山峦，南望开阔，远处有层层山峦为对景，左右有低山环抱（图2-36）（图2-37）（图2-38）（图2-39）。

图2-36 河北遵化清东陵各陵位置示意图（王其亨/绘）

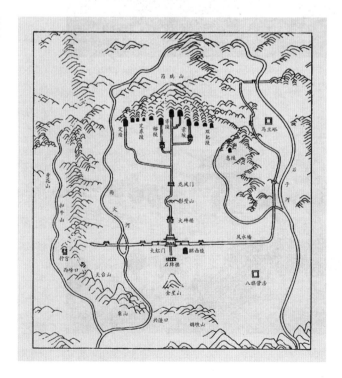

图2-37 清东陵从大红门内南望石牌坊及金星山（萧默/摄）

图2-38 清东陵孝陵前（萧默/摄）

"风水"起于建筑尤其是葬地的选址，公元3世纪时已形成形势宗与理气宗两大派。形势宗较多结合山水形势与御寒纳阳、生态平衡等实际功能和环境心理、审美效应等，概括出了一个所谓"风水宝地"的环境模式，大致是一种背山面水，左右围护的格局。建筑基址坐北朝南，取得良好的日照。背后有高大的"座山"，阻挡冬季北来寒风，也是建筑的背景依托。左右低丘环抱，易于形成局部小气候，也使环境具有了相对的外部闭锁性，加强安全感和均衡感。前方建筑基地开阔舒展，称"明堂"。明堂前应有池塘或河流蜿蜒流过，池塘岸线或河流水道最好向南凸出，可免大水时明堂受冲击。前方低临

图2-39 清西陵泰陵入口广场石牌坊群（萧默/摄）

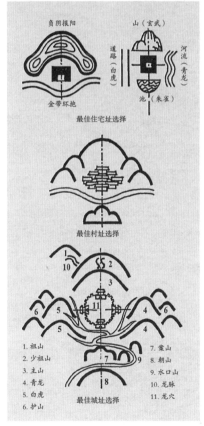

负阴抱阳

金带环抱

最佳住宅址选择

山（玄武）

道路（白虎）

河流（青龙）

池（朱雀）

最佳村址选择

1. 祖山
2. 少祖山
3. 主山
4. 青龙
5. 白虎
6. 护山
7. 案山
8. 朝山
9. 水口山
10. 龙脉
11. 龙穴

最佳城址选择

水面，也利于接纳夏季南风，并取得生活用水，便于排污。隔水则有近丘为"案"，远山为"朝"，是建筑的恰当对景，形成景观层次。整个环境应林木葱郁，河水清明，呈现盎然的生机（图2-40）。这种观念，只要不是过于拘执，仍具有一定的科学和审美意义。理气宗则主要依据主人的生辰八字来确定选址和方位朝向，迷信色彩较多。

图2-40 "风水宝地"模式（尚廓/绘）

凝固的神韵

中国建筑

3

道法自然

——园林

▌中西自然观与中西园林比较

由于中国和西方文化观念的差异，欣赏中国建筑一定要有一个与欣赏西方建筑不同的眼光，这在中西园林艺术中体现得更加鲜明。中国比欧洲更早进入农业社会，更多依赖于大自然的赐予，使得中国人的自然观也与更多进行狩猎活动的早期西方很不相同。中国人的原始自然崇拜的对象如天地日月、山川河流、社稷蚕桑诸神，都与农业有关。在中国人心中，大自然有如母亲，相亲相依，充满了感情。中国虽然缺乏一种严格的宗教精神，却崇拜"天道"。所谓"天人合一"（人就是自然的一部分，人的生命历程也应该遵循自然的运行规律），"人法地，地法天，天法自然"，就表现出人不可以离开自然的朴素观念。这种观念，在园林中有更突出的表现，"虽由人作，宛自天开"，采取自由式构图，属于自然式，而与欧洲或伊斯兰园林更多显现的人对大自然的征服欲的几何式园林大为不同。

中国园林有几个重大的特点：1. 重视自然美。中国园林对原有地形地貌的加工和改造，都遵循"有若自然"的原则，仿佛天然所成，以满足人们亲近自然的感情。园林中的建筑也不追求过于人工化的规整格局，建筑美与

63

自然美充分交融。2. 追求曲折多变。大自然本身就是变化多趣的，中国园林师法自然，必然也追求多变，采取自由式构图。但自然虽无定式，却有定法，所以，中国园林追求的"自由"并不是绝对的，其中仍有严格的章法，只不过不是几何之法而是自然之法罢了，甚至比之规整式的构图需要更多的才思。它和西方那种"强迫自然接受匀称的法则"的造园理论所强调的对称的格局、笔直的道路、规则的花坛和水池、有如地毯图案般的草地和剪成几何形体的树木，具有体系性的不同。3. 崇尚意境。中国园林艺术家们创造的美丽环境，不仅只停留在形式美的阶段，而是更进一步，意图通过这外现的景，表达出内蕴之情。园林的创作与欣赏是一个深层的充满感情的过程。创作时以情入景，欣赏时触景生情，这情景交融的氛围，就是所谓意境。中国园林的创作，高下成败的最终关键，要视创作者的文化素养和审美情趣的高下、文野而定。意境主要通过总体布局和局部设计来体现，同时也借助于联想寓意。匾额楹联的点题手法，使主题得以点示，意境更加深化。

中国园林以曲折的池岸、弯曲的小径，用美丽的石头堆成峰、峦、涧、谷，构成仿佛是大自然动人一角的美丽景观。建筑布局自由，形象多变，整个园林仿佛是一幅立体山水图卷，含蓄而内在。17世纪末，英国造园家坦伯尔已经对中国园林有所认识，他说："中国人运用极其丰富的想象力来造成十分美丽夺目的形象，但是，不用那种肤浅地就看得出来的规则和配置各部分的方法……中国的花园如同大自然的一个单元。"

中国园林早在先秦就已发轫，秦汉和隋唐掀起过两次皇家园林建设高潮，唐宋以文人园面貌出现的私家园林得到很大发展，水平已不在皇家园林之下，到明清进入总结阶段。清代园林的成就更值得注意，是中国建筑第三次发展高潮的重要组成部分。现存园林，几乎全是那个时代的留存。私家园林以江南最集中，风格清新秀雅，手法精妙，比皇家园林的艺术水平更高。皇家园林现存者都在北京附近，规模巨大，风格华丽。

▍江南私家园林

中国文人是一个特殊的群体，深受儒家"居庙堂之高，则兼济天下；处江湖之远，则独善其身"思想的熏陶。每当仕途不甚得意，便寄意林泉，园林便是他们最好的隐逸之地。其实道家的"贵无"，庄子的"无心"，还有佛家尤其是南派禅宗的对人生的一种超脱的态度，与儒家的这种思想都是共通的。它们形成的一股文化合力，对于文人园的产生和风格的取向都发生过作用。

江南私家园林有以下几个特点：1. 规模较小，造园家的主要构思是"小中见大"，即在有限的范围内运用含蓄、抑扬、曲折、暗示等手法来启动人的主观再创造，曲折有致，步移景异，造成一种似乎深邃不尽的景境，扩大人们对于实际空间的感受，手法更重写意；2. 大多以水面为中心，四周散布建筑，构成一个个景点，几个景点组合而成景区；3. 以修身养性、闲适自娱为园林主要功能；4. 园主多是文人学士出身，园林风格以清高风雅，淡素脱俗为最高追求，建筑体形多变，体量玲珑，色彩淡雅，充溢着浓郁的书卷气。这种园林可举苏州拙政园（始建于明，1509年）、

65

图3-1 苏州拙政园鸟瞰（杨鸿勋/绘）

网师园（清，1795年）为代表。

拙政园初建于明，十分简单，现存园貌主要形成于清末即19世纪末。全园以中部为主，约呈横向矩形，水面也呈横长形，水中堆出东西两座山岛，用小桥和堤把水面分成数块。在水池西北、西南方向和东南角伸出几条小水湾，岸线弯曲自然，有源源不尽之意。南岸留出较多陆地，建筑主要集中于此，由宅入园的园门开在南墙中部（图3-1）。

入园后用一座假山挡住视线，称为"障景"。绕过假山到达主体建筑远香堂，才豁然开朗。一收一放，欲扬先抑，更加含蓄多趣。从远香堂北望两座小岛，互成对景。从园中各处前望都有丰富的景色，如由西南角的跨水小阁小沧浪北望，透过廊桥小飞虹，近有香洲和荷风四面亭，远望

66

图3-2 拙政园香洲（萧
默／摄）

图3-3 拙政园由别有洞
天半亭东望（资料光盘）

见山楼，水景深远，层次丰富。在小飞虹以北的水中有形如小船的香洲，
轮廓丰富，体态玲珑（图3-2）。从园西别有洞天半亭东望，透达纵深水面，
南岸建筑迭起，北面树石掩映，形成景色对比，荷风四面亭和低近水面的
折桥更增加了景观层次，称为"隔景"。荷风四面亭在二桥一堤相汇的交
点，是环顾四望景色的佳处，也是周围各景点近观的对象和远观的衬托，
既能得景又能成景（图3-3）。从园东梧竹幽居亭西望，透过水池亭阁，在树

图3-4 拙政园西园水廊（萧默/摄）

梢上可遥见远处的苏州报恩寺塔，将塔景引入园内，称为"借景"。

园之西另有西园，二者通过别有洞天圆门互通。西园东壁的水廊下承石磴，水面探入廊下，感到幽曲无尽。廊随墙而行微有曲折，竖向自然起伏，朴素恬淡，显出无尽的画意（图3-4）。

网师园是苏州小型园林的上乘之作。园东邻园主住宅，主要园门开在东南角。

入门西行通过短廊到达一座厅堂小山丛桂轩南侧，挡住北望的视线，

68

图3-5 苏州网师园（杨鸿勋/绘）

只有从厅西折廊迤逦向北，通至轻灵小巧的濯缨水阁，才水光潋滟，顿觉开朗。与拙政园入口的处理原则一样，也是惯用的欲扬先抑的手法（图3-5）。

　　水池居中，基本方形，岸石低临，进退曲折，石下水面向内伸进，仿佛波浪冲蚀的意象。从濯缨水阁傍西墙北行，有廊渐高，登至月到风来亭，有登高一览的效果。亭北通向一苍松翠柏怪石嶙峋之区，体量较大的看松读画轩隐在松柏之后。轩东的集虚斋为楼，也远离水池，都是为了减弱对池面的压抑感。斋南通过空廊连接附在住宅西墙上称为射鸭水阁的半

69

图3-6 网师园月到风来亭（萧默/摄）

图3-7 网师园射鸭水阁（萧默/摄）

亭，与月到风来亭和濯缨水阁呈品字相望，组成沿池三角形观景点，互相得景成景（图3-6）（图3-7）。

　　几乎从每个门洞和敞窗中望出去，都会遇到引人的景观，称为"框景"。射鸭水阁半亭冲破了庞大山墙的板滞，其南堆起一丛山石，种植小树疏竹，形成如画的构图，宅院高大西墙好像画面的背景，上开假漏窗数处，丰富了构图。

　　从以上二例，我们已可感受到中国古典园林精巧细腻的造园手法。

　　此外，苏州的沧浪亭、环秀山庄和留园，无锡寄畅园，扬州个园、寄啸山庄和公共园林瘦西湖，都是江南名园。

▎华北皇家园林

华北皇家园林的特点是：1. 规模都很大，以真山真水为造园要素，所以更重视选址，手法侧重写实；2. 景区范围更大，景点更多，景观也更丰富；3. 功能内容和活动规模都比私家园林丰富和盛大得多，几乎都附有宫殿，常布置在园林主要入口处，用于听政，园内还有居住用的殿堂；4. 风格侧重于富丽华彩，渲染出一片皇家气象。建筑体形也比较凝重平实，既是皇家风格也是华北地方风格的体现，与江南轻灵秀美的风格不同。

现存北京颐和园、河北承德避暑山庄是最好的代表。

颐和园由万寿山和昆明湖组成。山居北，横向；湖居南，呈北宽南窄的三角形。全园可分为宫殿区、前山前湖区、西湖区和后山后湖区四大景区（图3-8）。

主要园门东宫门在昆明湖东北角，正当湖、山交接处。入门就是宫殿区，臣属可就近觐见，不必深入园内。

绕过宫殿的主殿，通过一条曲折遮掩的小道，进入前山前湖区，气氛忽然一变：前泛平湖，目极远山，视野十分辽阔，远处玉泉山的塔影被借入园内，近处岸边的一排乔木起了"透景"作用，增加了层次，加深了园林的空间感。这种欲扬先抑的手法，是从私家园林借鉴来的（图3-9）。

万寿山体形比较缺少变化，在山南麓耸起体量高大的佛香阁，与阁北琉璃阁一起，大大丰富了山体轮廓。阁下有高台座，不在山巅而在山腹，强调了

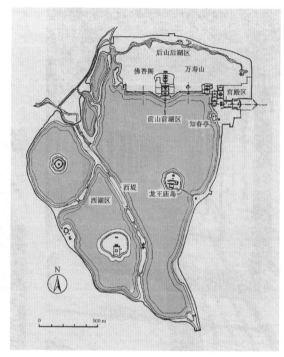

（上）图3-8 北京颐和园总平面图（萧默/绘）

（下）图3-9 颐和园昆明湖（楼庆西/摄）

图3-10 颐和园万寿山前的长廊（萧默/摄）　　图3-11 从佛香阁南望龙王庙（楼庆西/摄）

佛香阁与昆明湖的密切联系，也显示了它与山的亲和关系。以人工来补足自然，大大丰富了万寿山的整体形象。体量较大、体形宽厚的楼阁，足以成为范围广大的全园构图中心。在阁下山脚与湖岸之间，建造了东西长达七百米世界最长的长廊，把山麓的众多小建筑联系起来（图3-10）。

由佛香阁大台座南眺，对面龙王庙岛是建园初东扩湖面时特意留出的，成为万寿山的对景（图3-11）。

颐和园前山前湖区性格开朗宏阔，真山真水，大笔触，大场面，大境界，建筑施以华丽彩画，风格浓丽富贵。

在昆明湖西部筑西堤，堤上有多座美丽的桥。堤西隔出水面两处，各

（上）图3-12 颐和园西堤上的玉带桥（《中国古建筑大系》）

（下）图3-13 颐和园后湖苏州街（萧默/摄）

有岛一，为西湖区，性格疏淡粗放，富有野趣（图3-12）。

万寿山北麓是后山后湖区，以弯曲河道串联一串小湖，夹岸幽谷浓荫，性格幽曲窈窕。后湖中段，两岸仿苏州水街建成店铺，有江南镇埠意味（图3-13）。

承德避暑山庄也可分为四大景区：山峦区最大，在园西部；湖泊区和

图3-14 承德避暑山庄全景图（清代绘画）

平原区在园东部，分居南北；宫殿区占地甚少，在南部山、湖二区之间，建筑形体朴素，色彩淡雅。湖泊区是园林主要景点所在。在大小水面中有许多岛屿，以堤、桥相连，各岛岸线逶迤多变，步移景异，富有江南水乡

图3-15 避暑山庄烟雨楼侧面（《承德古建筑》）

情趣，建筑各自成组，呈分散式布局。平原区富有塞北草原风光，有大片草地和林地，林中空地建蒙古包。山峦区有三条山谷，山内原有数十座小园、寺庙等景观 (图3-14)(图3-15)(图3-16)。

　　避暑山庄全园似乎是整个中国的缩影。

图3-16 避暑山庄水心榭

皇家园林经常采用风格比较活泼生动的苏式彩画 (图3-17)。

此外，北京圆明园（清，始建于18世纪初）是最杰出的皇家园林，但两次毁于外国侵略军之手，现在仅存有遗迹和当时部分图纸和模型。其中西洋楼是对欧洲古典复兴建筑的模仿之作，现在也只留有几根石柱了 (图3-18)（图3-19）（图3-20）。

中国园林在世界上享有崇高的地位，早在唐宋时就对朝鲜和日本园林

（上）图3-17 苏
式彩画（刘大可/
摄）

（下）图3-18 北
京圆明园复原鸟瞰
（《中国建筑艺术
史》）

（上）图3-19 圆明园"方壶胜境"（清代绘画）

（下）图3-20 圆明园远瀛观遗迹（《巍巍帝都——北京历代建筑》）

产生过直接影响。17世纪更被介绍到欧洲，先是英国，然后又在法国和其他国家引起惊奇，纷纷仿造。但不久，欧洲人便发现要造起一座达到真正中国园林那样水平的园林是多么困难。苏格兰人钱伯斯曾到过中国，晚年担任英国宫廷总建筑师，在好几本书里都描写过中国园林。他说："中国人的花园布局是杰出的，他们在那上面表现出来的趣味，是英国长期追求而没有达到的。"钱伯斯提醒说："布置中国式花园的艺术是极其困难的，对于智能平平的人来说几乎是完全办不到的。……在中国，造园是一种专门的职业，需要广博的才能；只有很少的人才能达到化境。"

凝固的神韵

中国建筑

4

吾亦爱吾庐

——民居

▌ 民居的人文性

与其他建筑相比，民居是出现最早也是最基本的建筑类型，数量最多，分布最广。民居建造的直接目的主要在于满足人们日常生活起居的实际需要，是"家"的所在。在特别重视血缘亲情的中国，"家"是一个特别富有感情色彩的地方，所以，人们在向民居提出物质性要求的同时，也并没有忘记向它提出适当的精神性要求，即普遍的审美性和情感性，甚至还可能上升到表达某种思想倾向的高度，如体现儒家文化重视的尊卑之礼、长幼之序、男女之别、内外之分等宗法伦理思想。

中国地域辽阔，历史悠久，中国民居的多样性，在世界建筑史中也是难得的现象。民居又最具地方性，也更有创造性，民居还更多具有自然质朴的性格，都是利用当地出产的材料，用最经济的方法，密切结合气候和地形、环境等自然因素建造的。人和自然在这里有最直接的亲密交往，建筑镶嵌在自然中，更多与自然的协调，更少与自然的对比。

中国的汉族民居依形式分大致可有六种：即北方院落民居、南方院落民居、南方天井民居、岭南客家集团民居、南方自由式民居和西北窑洞民居。

▌院落式民居

北方院落民居以北京四合院水平最高，也最为典型，亲切宁静，有浓厚的生活气息，庭院方阔，尺度合宜，是中国传统民居的优秀代表。它所显现的向心凝聚的气氛，也是中国大多数民居性格的表现。院落的对外封闭、对内开敞的格局，可以说是两种矛盾心理明智的融合：一方面，自给自足的封建家庭需要保持与外部世界的某种隔绝，以避免自然和社会的不测，常保生活的宁静与私密；另一方面，根源于农业生产方式的一种深刻心态，又使得中国人特别乐于亲近自然，愿意在家中时时看到天、地、花草和树木。院落又称为"庭院"，"家"也称"家庭"，贴切反映了中国人对"庭院"的需要。

北京四合院多有外、内两院。外院横长，宅门不设在中轴线上而开在前左角，有利于保持民居的私密性和增加空间的变化。进入大门迎面有砖影壁一座，由此西转进入外院。在外院有客房，男仆房、厨房和厕所。由外院向北通过一座华丽的垂花门进入方阔的内院，是全宅主院。北

84

面正房称堂，最大，供奉"天地君亲师"牌位，举行家庭礼仪，接待尊贵宾客。正房左右接出耳房，居住家庭长辈。耳房前有小小角院，十分安静，所以耳房也常用作书房。主院两侧各有厢房，是后辈居室。正房、厢房朝向院子，都有前廊，用抄手游廊把垂花门和三座房屋的前廊连接起来。廊边常设坐凳栏杆，可以沿廊走通，或在廊内坐赏院中花树。正房以后有时有一长排"后罩房"，或作居室，或为杂屋（图4-1）（图4-2）。

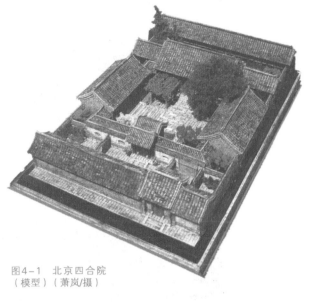

图4-1 北京四合院（模型）（萧岚/摄）

北京四合院中莳花置石，植树，列盆景，以大缸养金鱼，寓意吉利，是十分理想的室外生活空间。好像是一座露天的大起居室，把天地拉近人心，最为人们所钟情。抄手游廊把庭院分成几个大小空间，分而不隔，互相渗透，增加了层次的虚实映衬和光影对比，

图4-2 四合院垂花门（刘大可/摄）

也使得庭院更符合人的日常生活尺度，家庭成员在这里得到交流，创造了亲切的生活情趣。

（左上）图4-3 敦煌
壁画晚唐第98窟壁画
住宅（《敦煌建筑研
究》）

早至晚商，历汉唐宋元各代，都有许多遗址或图像，证明了院落民居历史的久远和发展的痕迹（图4-3）（图4-4）。

（左下）图4-4 山西
芮城永乐宫纯阳殿元
代壁画四合院（罗哲
文/摄）

南方院落民居多由一个或更多院落合成，各地有不同式样，如浙江东阳及其附近地区的"十三间头"民居，通常由正房三间和左右厢房各五间楼房组成三合院。上覆两坡屋顶，两端高出"马头山墙"。院前墙正中开门，左右廊通向院外也各有门。此种布局非常规整，简单而明确，院落宽大开朗，给人以舒展大度、堂堂正正之感（图4-5）。

图4-5 南方三合院民
居——浙江东阳叶宅
（《浙江民居》）

南方大型院落民居典型的布局多分为左、中、右三路，以中路为主。中路由多进院落组成，左右隔纵院为朝向中路的纵向条屋，对称严谨。在宅内各小庭院中堆石种花。庭院深深，细雨霏霏，花影扶疏，清风飘香，

图4-6 南方大型院落式民居——浙江东阳邵宅（萧默/摄）

格调甚为高雅。浙江东阳邵宅是其比较典型的代表 _(图4-6)。

南方盛行的天井民居中的"天井"其实也是院落，只是较小。南方炎热多雨而潮湿，在山地丘陵地区，人稠地窄，民居布局重视防晒通风，也注意防火，布局紧凑，密集而多楼房，所以一般中下阶层家庭多用天井民居。天井四面或左右后三面围以楼房，阳光射入较少；狭高的天井也起着拔风的作用；正房即堂屋朝向天井，完全开敞，可见天日；各屋都向天井排水，风水学称之为"四水归堂"，有财不外流的寓意。外围常耸起马头山墙，利于防止火势蔓延。马头山墙都高于屋顶，轮廓作阶梯状，变化丰富，墙面白灰粉刷，墙头覆以青瓦两坡墙檐，白墙青瓦，明朗而雅素。没有过多装饰，只在重点部位如大门处作一些处理（图4-7）（图4-8）。

天井民居以皖南徽州地区最为典型，最基本的平面呈"口"形或"Π"形。大者呈"H"或"日"字形。

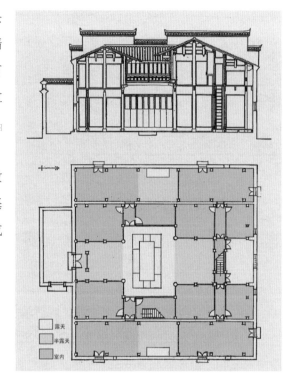

图4-7 徽州天井式民居（《中国传统民居建筑》）

图4-8 安徽黟县宏村月沼（萧默/摄）

89

▌集团式民居

岭南（粤、闽南、赣南）客家集团民居是一种大型居宅。

中国历史上有过两次汉族自北而南的大迁徙。一次在两晋之间，一次为两宋之间。全是因北方战乱，望族大姓大举合族南移，辗转定居于当时还相当落后的岭南，聚族而居，自称"客家"。

客家恪守南迁前的文化传统，更多体现了晋唐中原汉族文化的原貌。特别遵行儒礼，崇拜祖先，珍视家族团结，重视风水，形成很有特色的客家文化。集团式民居就是客家文化的表现。

客家集团民居可认为与东汉至魏晋中原盛行的小型城堡"坞壁"有很大关系。有多种形式，主要有五凤楼和土楼两种，其共同特点是规模巨大，围合严密，作向心对称布局，居住同一家族十几至几十个家庭。

五凤楼沿全宅中轴线由前至后布置下堂（门厅）、中堂和主楼。中堂为家族聚会大厅；主楼多三到五层，底层正中为祖堂，供祖先牌位，与下堂、中堂一起合称"三堂"。主楼周围及以上各层为各家居室。中堂之前有院，左右各有厢厅，并有通道通向与中轴平行的条形长屋，也是各家居

图4-9 福建永定文翼堂——客家五凤楼（张青山/摄）

室。长屋由前至后层数递增，最后与主楼高度接近。全宅大形有如凤凰展翅，气势舒展，所以称为"五凤楼"。屋顶多为歇山式，屋坡舒缓，屋角平直，明显保留了较多的汉唐风格。五凤楼可以福建永定文翼堂为代表 （图4-9）。

　　土楼有方楼、圆楼两种，是一种全封闭的大型民居。特点是以一圈高达二至五层的楼房围成巨宅，内为中心方院或圆院，祖堂设在楼房底层与宅门正对的中轴线上。或在院内建平房围成第二圈，甚至第三、四、五圈，祖堂设在核心内圈中央。外圈土墙特厚，一二层是厨房、杂物间和谷仓，对外不开窗或只开极小的射孔，三层以上才住人开窗，也可凭以射击，防卫性特强。土楼中的圆楼可以福建永定承启楼为代表（图4-10）。

图4-10 土楼群（张青山/摄）

▌ 自由式民居

南方自由式民居不采用院落，总体构成和单体造型都十分自由，多为中下阶层所用。自由式民居多数规模较小，特别重视空间的合理利用，不强调礼法制度，但仍然追求造型的完美。因为冲脱了礼制的约束，组合相当灵活，形式更加多样。其造型特点可归结为：1. 多数是在平面和屋顶都相连的一栋建筑上，施展多样手法，创造出内部上下左右都可以走通的丰富空间，外向开敞显露，与自然融成一体。2. 形式不求规整对称，或双坡顶前小后大，或楼房与平房毗连，或在屋顶上部分升出为阁楼，或在外墙某处局部挑出悬楼，上覆披檐。平面有一字形、曲尺形或各种无以名之的形状。内部空间也富于变化。地面随基地标高的不同而不同，同室地面也可不在同一高度，或房屋一面和另一面的层数不同。总之，完全依据现场情况灵活确定。3. 这些变化多使用称为"穿斗架"的一种民间轻便构架完成，仅作一些简单的处理，便可巧变万端，显示了极大的灵活性。4. 所用材料都是土生土长最易得最经济的产品，如以小青瓦、茅草铺顶，以青砖、编笆抹灰，木板、乱石、块石或泥土筑墙，形成了色彩、肌理、质感

（上）图4-11 江南自由式民居1（《浙江民居》）

（下）图4-12 江南自由式民居2（《浙江民居》）

的自然对比。墙面上自然暴露木结构，显出其结构穿插之美，另有一种单纯天真的趣味（图4-11）（图4-12）。

　　由民居构成的村镇，建筑穿插高下，进退起伏，构成动人的景观（图

4-13）（图4-14）。

（上）图4-13 乌镇廊棚

（下）图4-14 乌镇过街楼

95

凝固的
神韵

中国建筑

5

梵宫琳寺如画

——寺观与塔

▍ 中西宗教观与中西宗教建筑比较

在中世纪形成的欧洲城市，人们见到的最显眼的建筑几乎全都是宗教建筑——神庙或教堂，体量巨大，体形高峻，坐落在城市中心、高地或二者兼备的地方。而在中国，都城的中心却都是范围广大庄严辉煌的宫殿，地方城市的中心地带则是代表政权力量的各级衙署。西方中世纪文化是神本主义的，教会是社会的中心，宗教建筑特别发达，充满着神的气息；而在中国，却是以君权为中心的人本主义，神权始终处于次要的地位。注重人事、关心政治的孔门儒学对宗教一向持有清醒的态度，特别强调把人们的注意力引向以伦理纲常为内容的人世关系中去。

儒学的清醒理性，对人们尤其对统治者和知识分子有着深刻影响，历代有作为的皇帝对于宗教在利用与容忍的同时，莫不都采取限制的政策。一旦宗教和皇帝的矛盾激化（主要是经济上争夺民力），就坚决控制，甚至采取下令灭佛一类措施。

中国与西方一样，也承认君权神授，但西方的重点在神，君主的权力须由教会授予。中国的重点却在君，他是天的儿子，他的权力直接受之于天，无须宗教或教会为媒介。中国从来没有出现过教皇制。反之，宗教却要依附皇权才能生存，儒学才是正统的思想武器。

中国宗教建筑的艺术性格也不重于表现人心中的狂热，而是重在"再现"彼岸世界那种精神的宁静和平安，即使在因数量之多而地位仅次于宫殿、礼制建筑和陵墓的宗教建筑，包括佛道寺观和佛塔中，也充溢着一种人间的气息，强调与人相亲相近的宁静与和谐。在这里没有激动，没有神秘，不像西方的教堂，以其迥异于人的日常所需的巨大体量和不凡的形象，来渲染神性的迷狂。

中国主要流行从印度传入的佛教，还有产生于本土的道教。佛寺在初期受到印度的影响，但很快就开始了中国化的过程，这使它在发展中带有明显的中国特色，并不是印度建筑的简单移植，主要是中国人自己的创造。

中国佛寺与住宅和宫殿有很多共同之处，同样都以木结构为本位，同样都采取院落形式的群体组合。这一点，也和与住宅或宫殿截然不同的西方教堂有很大不同。

道教的寺庙称为道观，往往模仿佛寺。佛教和道教的观念虽有所不同，但这些不同并不足以使得佛寺和道观发生根本的差异。佛寺和道观因而是相当一致的。

▌ 城市寺观

从东汉至魏晋，早期佛寺按布局分为两种：一种以塔为中心，主要流行在北方；一种中心不建塔，形同宅院，南方较多。中心塔式佛寺布局源于印度佛教观念。在印度，围绕所尊崇物右旋回行是最大的恭敬，绕塔礼拜也就成了信徒们的最大功德。中心塔式佛寺以廊庑或院墙围成院落，院中建塔，塔周围的空地正好可供僧徒回行。大塔高耸，形象突出，成为构图主体；庭院四角若有角楼，则与大塔形成呼应，是大塔的陪衬，构成丰富的轮廓线。当时的中心塔式佛寺现在已经不存在了，但由北魏永宁寺遗址和日本同期的大阪四天寺的布局，以及北魏石窟占多数的中心塔柱式石窟可以得到证明（图5-1）。

从隋唐起，中心塔式佛寺逐渐减少，说明南北朝以前的南北佛教，随着国家的再次统一得到交流，原来的北重戒行、南重义理的情况有所改变，宣讲义理所需的大殿和讲堂更加重要了。

唐代佛经输入和译经事业有显著发展，佛教也出现了许多宗派，以净土宗和禅宗的影响更大。净土宗的乐观主义和简明便捷，最能得到不重烦

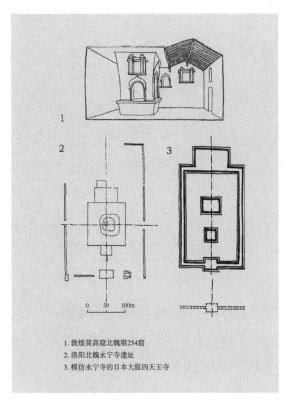

1. 敦煌莫高窟北魏第254窟
2. 洛阳北魏永宁寺遗址
3. 模仿永宁寺的日本大阪四天王寺

图5-1 中心塔柱式石窟与中心塔式佛寺（萧默/绘）

琐思辨的一般中国人的信仰。禅宗在唐代分为南北二派，南派主张顿悟，声称只要相信自在佛性，不待他求，便可解脱，甚至即身成佛。北宗主张渐悟，人的佛性需要时加拂拭，坚持坐禅和戒行。早期流行的接近于印度佛教原型的以烦琐思辨和悲观主义为特点的教义都已蜕消，佛教已更加中国化了，洋溢着一片世俗之情。因此，隋唐佛寺的艺术风格更近于辉煌、温情和平易。佛寺不仅是宗教中心，也是市民的公共文化中心，以宏丽的建筑、美如宫娃的菩萨、灿烂的以温暖色调表现的佛国净土壁画，构成了一座座常年开放的"美术博物馆"。其丰富的法会仪式、生动的俗讲和歌舞戏演出，也极大地吸引着公众，使得佛寺除了宗教必然要求的严肃、神秘以外，又添加了人间生活的欢乐气息，充溢着人文主义的色彩。这些，都与欧洲中世纪基督教堂所体现的那种清冷、严峻和禁欲主义大不相同。

隋唐佛寺至今几乎全部不存，其形象却可以幸运地在敦煌石窟数以百计的大型经变画中看到。敦煌壁画里的佛寺和其他重要传统建筑一样，仍然是一些具有中轴线的、规整的院落。画面表现了全寺中轴线上最重要的一个庭院。布局对称均衡，有纵轴横轴，纵轴线上从前至后有一至三座殿

100

图5-2 敦煌石窟盛唐第172窟北壁壁画佛寺（《敦煌建筑研究》）

堂，横轴在前殿以前，在横轴左右与东西回廊相交处建配殿。院子四角有角楼。庭院内多画成满是水面，水上立着许多低平方台，是依据佛经描述的西方极乐世界的景象画出的，在真正的佛寺中不一定普遍存在。从壁画可知，唐宋佛寺与明清佛寺相比，只在寺院左部建钟楼，右部有经藏，没有鼓楼，也不在寺后建藏经阁。

这些壁画再一次具体显示了中国建筑重视群体美的重大特色：各单座建筑之间有着明确的主宾关系，前殿最大，是整个建筑群的构图主体，门屋、配殿、廊庑、角楼都对它起烘托作用；各院落之间也有主宾关系，中轴线上大殿前方的主要院落是统率众多小院的中心；建筑群有丰富的整体轮廓，单层建筑和楼阁交错起伏，长段低平的廊庑衬托着高起的角楼，形成美丽的天际线。这些联系在各个局部之间织成了一张无形的但可以感觉得到的理性的网，使全局浑

101

图5-3 敦煌石窟盛
唐第148窟东壁北
侧药师经变（《敦
煌建筑研究》）

然一体，洋溢着一种佛国净土般的宁静与平安的氛围（图5-2）（图5-3）。

现在仅存的唐代也是中国最早的木结构建筑只有四座，都是佛殿，也都在山西，十分珍贵，其中更重要的为南禅寺与佛光寺的两座大殿。

南禅寺大殿建于782年，不大，平面近于方形。因进深不大，屋顶是四面出水的单檐歇山式（上部两坡，下部四坡），屋坡十分平缓。以后，方形或近于方形平面的殿堂都普遍采用歇山屋顶（图5-4）。

佛光寺大殿建于857年，是一座中型殿堂，在寺的最后高台地上，高出前部地面十二三米。大殿平面长方形，屋顶为单檐庑殿（四坡），屋坡也很缓和。殿内有一圈内柱，把全殿空间分为两部分：内柱所围的空间较高，内有佛坛，坛上有五组造像，与建筑配合默契，是殿内的主体空间。内柱以外的一圈空间较低较窄，是主体空间的衬托，也形成对比，其梁架和天花的处理手法又与主体空间一致，有很强的整体感和秩序感。所有的

图5-4 山西五台山南禅寺大殿（孙大章、傅熹年/摄）

图5-5 山西五台山佛光寺大殿（萧默/摄）

大小空间在水平方向和垂直方向都力避完全的隔绝，尤其是复杂交织的梁架使空间的上界面朦胧含蓄，绝无僵滞之感。通过这个实例，可以表明，唐代建筑匠师已具有高度自觉的空间审美能力和精湛的处理技巧（图5-5）（图5-6）（图5-7）。

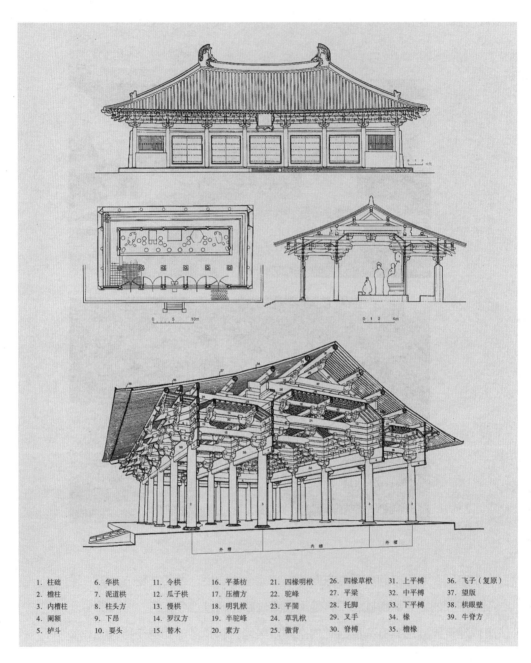

1. 柱础	6. 华栱	11. 令栱	16. 平棊枋	21. 四椽明栿	26. 四椽草栿	31. 上平槫	36. 飞子（复原）
2. 檐柱	7. 泥道栱	12. 瓜子栱	17. 压槽方	22. 驼峰	27. 平梁	32. 中平槫	37. 望版
3. 内槽柱	8. 柱头方	13. 慢栱	18. 明乳栿	23. 平闇	28. 托脚	33. 下平槫	38. 栱眼壁
4. 阑额	9. 下昂	14. 罗汉方	19. 半驼峰	24. 草乳栿	29. 叉手	34. 椽	39. 牛脊方
5. 栌斗	10. 要头	15. 替木	20. 素方	25. 徵背	30. 脊槫	35. 檐椽	

图5-6 佛光寺大殿（《中国古代建筑史》）

图5-7 佛光寺大殿内部（《中国古代建筑技术史》）

宋代以后留存的佛寺较多，著名者如天津蓟县独乐寺观音阁、山西大同善化寺和华严寺、河北正定隆兴寺。著名的道观有山西芮城建于元代的永乐宫。

天津蓟县独乐寺观音阁建于984年（辽代）。外观两层，结构实为三层，二三层中空，内有高达十六米通高三层的观音塑像。由下仰望，两层栏杆和一层藻井层层缩小，平面形式发生有规律的变化，富有韵律感并增加了高度方向的透视错觉，建筑和塑像配合得非常默契（图5-8）（图5-9）。

山西大同善化寺是辽金名寺，现在还保存得比较完整：庭院周绕廊庑，最大的大殿在全寺最后，建在大台上。殿前东西廊上的配殿都是楼阁，西边一座名普贤阁，至今尚存。以楼阁为主要大殿的左右陪衬，在敦煌唐宋壁画所见也很多，是当时常见的。楼阁的竖向感较强，体量不大，采用形式较富变化的歇山顶，与大体量的庑殿顶的较为严肃的大殿恰构

图5-8 天津蓟县独乐寺观音阁（萧默/摄）

图5-9 独乐寺观音阁内部（罗哲文/摄）

成大小、方向、丰简等风格的对比。全寺的重心在后部，更加含蓄、内在而温文，是中国人审美心态的反映（图5-10）。

大同华严寺（辽金）朝东，反映了契丹族以东为上的风俗。大殿也建在大台上，是中国现存辽、金时期最大的佛殿之一（另一座是辽宁省义县奉国寺大殿）。它的右前方有薄伽教藏殿，仍存。依对称原则，可以推测在主殿左前方原来也应有一座殿堂。全寺呈横向布局（图5-11）（图5-12）。

河北正定隆兴寺（北宋）则特别强调纵深。由南而北由多进庭院组成。前部摩尼殿是北宋原建，是在方形殿身四面各出一座歇山面向外的抱

图5-10 山西大同善化寺大雄宝殿（孙大章、傅熹年/摄）

图5-11 山西大同华严寺大殿正（东）面（孙大章、傅熹年/摄）

图5-12 华严寺大殿内部（《中国建筑艺术史》）

图5-13　河北正定隆兴寺摩尼殿（萧默/摄）

图5-14　隆兴寺佛香阁及东配殿慈氏阁（萧默/摄）

厦。方形殿身上覆重檐歇山顶。后部的佛香阁是全寺主殿，阁左右另有两座小阁，前方东西又有慈氏阁和转轮藏阁两座楼阁为配殿。众多的楼阁如众星捧月，显示出建筑群的气势（图5-13）（图5-14）。

山西芮城永乐宫是元代著名道观，有三进院落，在狭长的基地上前后顺

108

置宫门、无极门和三座大殿，一座比一座小，而且没有围廊和配殿，有意造成一种渐渐减弱的空间韵律，最终落入一片空寂。三殿内都绘有道教题材的壁画，是元代绘画精品。表现仙界的壁画的宏伟构图与飞动的线条，透出与室外的恬淡空寂截然不同的宏丽与纷繁，似乎这原本虚无的仙界倒是充实的，富有生气的，而现实的人间却是空寂的（图5-15）（图5-16）（图5-17）。

　　明清留存的佛寺道观更多，建于城市的多是敕建的官寺，采用传统的中轴对称方式布置院落，严谨整饬。

　　官式佛寺以山西太原崇善寺最大，是明太祖第三子晋恭王为纪念其母建于明初（1381年），后被火烧，所剩无几，但寺内存有一幅明成化八

（右）图5-15　山西芮城永乐宫平面（《中国古建筑大系》）

（下）图5-16　永乐宫无极殿（孙大章、傅熹年／摄）

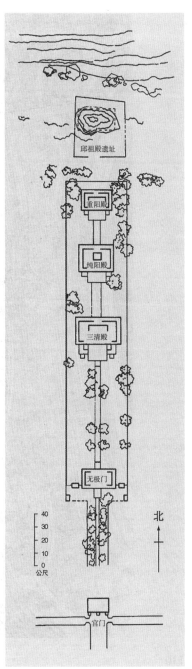

图5-17 无极殿壁画道教神仙（罗哲文/摄）

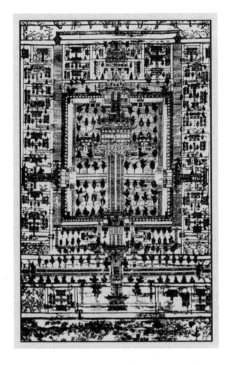

图5-18　明成化八年（1472年）崇善寺全图
（傅熹年/摹）

年（1472年）的全寺总图，详尽准确地表现了当时寺院的面貌，反映了大型规整式布局佛寺的典型风格，是不可多得的宝贵资料。

全寺面积相当于紫禁城的四分之一或曲阜孔庙的两倍。山门前有东西向横路，左右有门通向城市。路南正对山门是一属于寺院的横院，为寺的前方对景。这种处理方式始见于宋金汾阴后土祠，沈阳宫殿也是这样，以后在佛寺祠庙及衙署中也常可见到，避免了山门直接面临城市，加强了总入口的气势。

山门内分左中右三路而以最宽的中路为主，左右二路各有九座小院，具体组合非常规则整齐。与敦煌壁画唐代大寺、宋刻唐·道宣《戒坛图经》插图、汾阴后土祠金刻庙像图碑、登封中岳庙金刻图碑以及明紫禁城、曲阜孔庙等例比较，可以看出它们的共同规律（图5-18）。

明清其他城市寺庙的典型布局也多分左中右三路，以中路为主。中路沿中轴线布置山门、金刚殿（殿前左右有钟楼和鼓楼）、天王殿为引导，后有其他殿堂包括大雄宝殿及左右配殿为延续，最后以高而长的藏经楼结束。这种组合方式，已与唐宋大寺不同。左右二路的布局则稍微自由。在全部构图中，作为引导和围合的各建筑的体量都较小，大雄宝殿最大，突现为全寺高潮。藏经楼作为全寺的结束，虽较高而长，但体量和气势并没有超过大

111

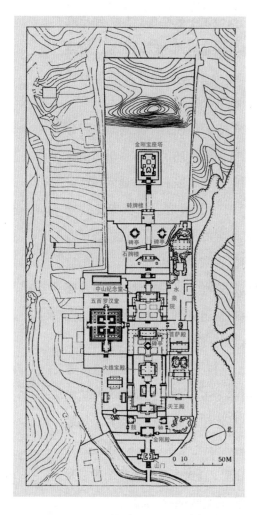

图5-19　碧云寺总平面图（《中国美术全集·建筑艺术编》）

雄宝殿，形象也比较简单，未夺去高潮的气势。全寺主体突出，建筑富于韵律变化，形成有机组合。这种佛寺，可以创建于元、扩建于明的北京碧云寺为代表。不过碧云寺的藏经楼已改为中山纪念堂，其后则扩出了一座金刚宝座塔（图5-19）。

　　中国佛、道两教虽有不同，但都同样追求一种超脱出尘的境界。佛教的主旨是劝人出世，脱离红尘，拔除苦海，入于一种无碍无执内心清净的世界，以祈求来世福报或转生佛国。它一方面向人们讲述人间和地狱的种种苦难，另一方面则渲染净土的种种安乐和宁静。道教也宣传清净无为，超凡入圣，"致虚极，守静笃，清净为天下正"，终究以清心寡欲、不食人间烟火为最高追求。中国人又特别崇尚自然、亲近自然，这在佛、道思想中也都有体现。道家就崇信"人法地，地法天，天法道，道法自然"。这种哲学对于宗教建筑的风格有着深刻影响，即使在城市，那种平和、冲融、宁静和虔诚的气氛，也是寺观艺术风格的主流，而绝无西方教堂那种务在震撼人心的种种激情和迷狂。

▌ 山林寺观

山林寺观密切结合所在环境的自然景色和起伏的地形灵活布置。山西五台山、四川峨眉山、浙江普陀山和安徽九华山是有名的四大佛山，传说分别是文殊、普贤、观音和地藏王的道场。四川青城山、江西龙虎山、湖北武当山、安徽齐云山（原名白岳山）以及泰、衡、华、恒、嵩等五岳，都是有名的道山。也有许多山既有佛寺也有道观。所以中国才向有"名山僧占多"和"无山不僧道"的说法。琳宫梵刹，烟寺相望，晨钟暮鼓，点映崖谷，在大地上织成了一幅幅静美雅丽的画面，艺术风格更近于秀美淡素，与城市寺观的宏丽庄严形成互补。它们都具有一种可贵的淳朴天真的品格，常为敕建大寺所不备，虽较为朴拙简小，其美学价值往往更值得重视。

中国传统建筑，不但尽意于一所院落、一座殿堂，乃至一梁一柱、一花一石的微观经营，同时也俯瞰万物，品察群生，精心于更大范围的宏观规划，使人工的建筑与大自然紧密融合，形成一个着眼于全部相关区域——一座山、一座城、一条峡谷或一个小岛宏观的有机的大环境。所

113

图5-20 四川青城山小桥、路亭（白佐民／摄）

以，在山林胜境中建造寺观，并不只是把它作为此寺此观的僧众道徒静修之所，作为一个个孤立的、静止的对象来看待，而是放眼全山，把山中所有寺观都当成是纵游全山的动态过程中的一些有机的环节，构成一条系列，互相照应，有抑扬，有起伏，有铺垫，有高潮，有收束，从而使看起来似乎散漫无状的各"点"串成严密的整体。这是中国建筑的优秀传统之一，是中国人尊崇自然并特别擅长以辩证的观念来驾驭全局这一卓越智慧的生动表现。所以，欣赏中国建筑不能仅注目于建筑本身，往往更应重视的是建筑与环境的关系。

在道教名山四川青城山和其他佛道名山的建筑中，都可以发现许多这样秀美淡素、淳朴天真、朴拙简小、建筑格局与大自然融为一体的艺术特性（图5-20）（图5-21）。

四川峨眉山清音阁建筑群位于两条山溪的交汇处，背负巨山，前临山谷，左右隔小溪是逶迤的山岭。由后至前，自高而低建造了大雄宝殿、双飞亭和牛心亭。牛心亭俯临二溪交会点。双飞亭位于几条山道的交点处，东、西和北都通向别的大寺。下俯牛心亭，上仰大雄宝殿，增加了全组建筑的纵深层次。亭很大，两层，上下完全开敞，是休息的好地方，仿佛是在告诉人们，这里有值得流连的景色，不必匆匆而过（图5-22）（图5-23）。

安徽齐云山太素宫为山上诸观之首，选址极好。宫后以玉屏峰为

图5-21 青城山圆明宫二宫门（《四川古建筑》）

图5-22 峨眉山清音阁总平面及剖面图（《建筑史论文集》）

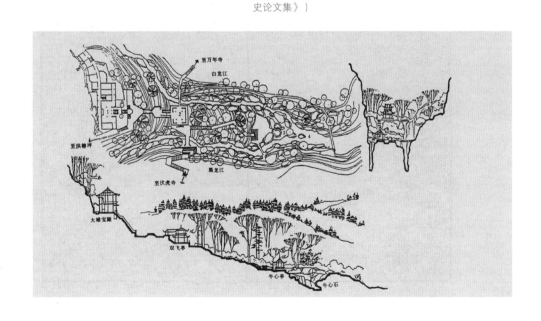

屏，左右钟峰、鼓峰做伴，宫前隔深壑面对香炉峰，峰顶有亭，是太素宫的对景。越过香炉峰极目远望，则可遥见黄山三十六峰，其天都、莲花诸峰皆历历可指。有时一片烟雨飘过，其霏霏凄迷之象，尤为动人（图5-24）。

安徽九华山百岁宫立在一座孤崖峰顶，全寺依形就势，自然

（上）图5-23 峨眉山清音阁牛心亭（楼庆西／摄）

（下）图5-24 安徽齐云山太素宫（《齐云山志》）

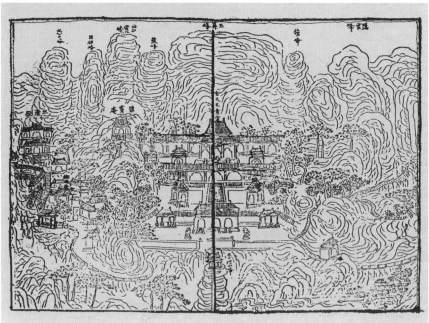

图5-25 安徽九华山百岁宫（姜锡祥/摄）

天成，表现了匠师们极高的空间处理能力和艺术感觉。在紧张的用地情况下，仍安置了佛殿、禅堂等佛寺通常必有的所有可达百间的房屋，组成两座天井院，在寺前还留出了宝贵的三合院，向外敞开，使全寺不显闭塞拥挤。不强行平整山头，寺前三合院的墙壁就压在石头上面，大殿内也露出石顶，三尊佛像就坐落在浑圆的巨石上（图5-25）。

　　山西浑源悬空寺因"悬挂"在恒山峡谷的一座向西的巨大悬崖上得名，附崖有三十多座楼阁殿堂，连以栈道，高悬在半空，惊险奇绝。各建筑有意采用缩小了的尺度，但总体轮廓丰富，是以其小巧诡奇与崖壁形成强烈的反差而取胜。若一味追求宏大，在高达百余米的巨崖对比之下，必然劳而无功（图5-26）。

图5-26 山西浑源悬
空寺（张晓莉/摄）

妙高望月

图5-27 江苏镇江金
山寺（清代版画）

江苏镇江西北长江南岸的金山寺又称江天寺，以建筑与山形轮廓错落取胜，更以山岭一塔，高耸江天之间，几十里外就可望见，极富特色。

金山不大，也不高，但甚陡峻。山体南北长，寺坐东向西，在山的西麓展开，几乎将西侧山崖全部占满，故有"金山寺包山"之说。由西边过牌坊经山门入寺，台地上是近年重建的大殿，再上几重平台，也有殿堂错落布置，直抵崖脚。沿山脊线由北而南都有亭堂楼阁，取自由式布局，轮廓起伏。北端耸起金山塔，重建于清末，塔刹入云，翼角高标，是江南婉丽秀美的风格。塔在山势稍低下处，与山脊南部的高起及其上的楼亭，取得不对称均衡，构图完美。金山在长江南岸，将塔置于北侧，使从辽阔的江面很远就可得见；登临塔上，亦可尽得江山之美，显然是考虑了大环境的成功设计（图5-27）。

通过以上有限的几例，我们已可体味到主要建造在山林胜境中的民间寺观的一些建筑特点，总的来说，可归结为天人相宜、空间多变与民居格调、地方风格两点。

天人合一，顺应自然。中国人早就认识到人和自然是不可分的，人本身就是自然的一部分，而秉持着一种"天人合一"的观念，把自然的运行规律当作是人间运行规律的参照。中国人把自然看成是慈母，永远怀着一份亲切的感情和顺应的态度，特别重视人与自然的融洽相亲。中国建筑也从不强调在自然面前过于突出自己，造成与自然的对立，而只是作为自然的补充。西方人却似乎把自然看成是严父，天生的逆反心理使得他们总是要与自然对抗，不是渗透调和，而更重于对比甚至征服。这一点，在陵墓、山林寺观以及塔的选址和园林中，都表现得十分明显。

▌佛塔

　　天无极，地无垠，在广漠无尽的大自然中，人们并不满足于自身的有限，而要求与天地交流，从中获得一种精神升华的体验。所以中国这类建筑和欧洲的尖塔在精神风貌上有明显不同：后者用砖石砌造，并不能登临，楼外没有走廊，强调垂直向上的尖瘦体形，似乎对大地不屑一顾，透露了人与自然的隔膜。中国的景观楼阁和许多塔尤其木塔则相当开敞，可以登临眺望，环绕各层在楼或塔外围绕走廊；水平方向的层层屋檐、环绕各层的走廊和栏杆，大大减弱了总体竖高体形一味向上升腾的动势，而时时回顾大地。它们优美地镶嵌在大自然中，仿佛自己也成了天地的一部分，寄寓了人对自然的无限留恋。从各种楼名如望海楼、见山楼、看云楼、得月楼、烟雨楼、清风楼、吸江阁、凌云阁、迎旭阁、夕照阁等，也可见出这层意思。

　　中国还有一种与楼阁相似、体形比楼阁更为高耸，称为"塔"的佛教纪念性或标志性建筑。它的原型及宗教含义是从印度传入的，经过与中国楼阁的融合创造出一种新的建筑类型。塔的功能限制不大，创作比较自

图5-28 应县木塔（《中国古代建筑史》《人类文明史图鉴》）

由，结构也很多样，是匠师们自由驰骋才思的地方。

塔的形象很多，主要有楼阁式、密檐式两种。前者有木结构也有砖石结构或砖木混合结构，后者都是砖石结构。

山西应县佛宫寺释迦塔是现存唯一一座木结构楼阁式塔，八角，外观五层，底层又扩出一周外廊，也有屋檐，所以共有六重屋檐。上面四层每层之下都有一个暗层，按结构实为九层。围绕各层塔身都围着一圈露廊。全塔上小下大，底层更加扩大并采用重檐，加强了全塔的稳定感。塔高六十七米，是世界现存最高的木结构建筑。全塔共有六层屋檐、四层露廊，加上两层台基，共有十二条水平线条，与大地呼应相亲。释迦塔敦厚浑朴，伟然挺立在华北大地上，是中华民族伟大的民族精神的艺术体现，也反映了华北的地域性格，具有永恒的审美价值（图5-28）。

图5-29 西安慈恩寺大雁塔（熊黎/摄）　　　　　图5-30 河北定县开元寺塔（罗哲文/摄）

砖石结构的楼阁式塔有两种方式，一种比较简洁，只是大体模仿木结构，如唐长安慈恩寺塔（大雁塔，唐，652年）、河北定县开元寺塔（北宋，1055年）；一种相当精细地模仿木塔，如泉州开元寺双石塔（南宋，1228年和1238年），因过于形似木塔，往往失去砖石建筑本身应有的比例权衡。

慈恩寺塔是砖砌仿木结构的楼阁式塔，相当简洁（图5-29）。

河北定县开元寺塔也是砖砌楼阁式，高达八十四米，是中国最高的古塔。简洁无华，比例匀称，伟岸如战士（图5-30）。

还有一种楼阁式塔为砖木混合结构，即砖身木檐。一方面有利于塔的

图5-31 上海龙华塔（萧默/摄）　图5-32 六和塔彩色复原图（《中国营造学社汇刊》）

长存，避免塔被完全烧毁，同时也可保持飞檐外挑轮廓。这种塔多见于五代和宋代的江南，如上海龙华塔、杭州六和塔（原状）、上海松江兴圣教寺塔、苏州报恩寺塔（北寺塔）、苏州罗汉院双塔等，都是江南风格的代表，清丽玲珑，秀美可爱。它们大多就是砖身木檐楼阁式塔，以龙华塔最为优美。杭州六和塔的原状也是非常优秀的设计，可惜经清末的重建，形式已完全改变了（图5-31）（图5-32）。

密檐塔与楼阁塔的最大区别是檐下没有塔身，层层密檐相接，著名实例如河南登封嵩岳寺塔（北魏，523年）、西安荐福寺塔（又名小雁塔，唐，707年）、河南登封法王寺塔（唐，约8世纪）、云南大理崇圣寺千寻

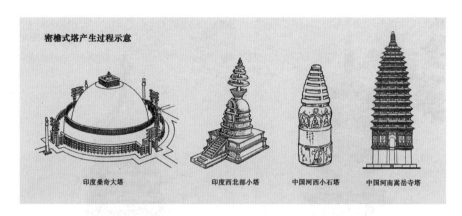

密檐式塔产生过程示意

印度桑奇大塔　印度西北部小塔　中国河西小石塔　中国河南嵩岳寺塔

（上）图5-33　从印度stupa到中国密檐塔——嵩岳寺塔（萧默/绘）

（下）图5-34　河南登封嵩岳寺塔（罗哲文/摄）

塔（南诏，约9世纪）。

嵩岳寺塔（北魏，523年）是中国现存最早的砖塔，也是最早的密檐式。平面十二角，近似圆形，在底层塔身上有十五层檐层层密接。各檐檐端连成一条抛物线型外轮廓，饱满韧健，似乎塔内蕴藏着一种勃勃生机。密檐塔实际也是中国的楼阁与印度塔的原型传至印度西北部，十六国时再传至河西，最后传到中原，经过几度演变后的结果，以层层屋檐大大强调了印度塔的伞盖。通过这个例子，我们可以知道，中国自古以来就不排斥外来文化，而是把它作为一种营养，结合自己的需要和自己的文化传统，加以吸收（图5-33）（图5-34）。

（上）图5-35 河南登封法王寺塔（罗哲文/摄）

（下）图5-36 河北昌黎源影寺塔（罗哲文/摄）

荐福寺塔、登封法王寺塔、崇圣寺千寻塔是唐代此类塔的优秀代表。平面都是方形，是密檐塔进一步民族化的表现。轮廓仍然曲柔有度，中部微凸，上部收分缓和，整体如梭，檐端连成极为柔和的弧线。其中以法王寺塔的造型比例最好，既不过于瘦高，又不失峭拔的风度（图5-35）。

五代至宋辽金密檐塔主要盛行在北方，通常都是平面八角，砖砌实心，基座特别繁复，首层塔身特高，上部密檐层层相接。高大的基座、高峻而劲挺的第一层塔身、上部密接的层层横线和敦厚的塔刹，以及整体凝重雄伟的体态，都显示了中国北方人勇健豪放的气质，而与江南水乡的温婉秀丽大不相同。这些塔又不免受到时代风尚趋于细腻的熏染，比起唐代密檐塔来，细部十分繁复细密。总之，豪健与细密两种风格的融合，是这类佛塔的特点。河北昌黎源影寺塔、北京天宁寺塔、北京昌平银山塔林，

125

（上）图5-37 北京昌平银山塔林（萧默/摄）

（下左）图5-38 甘肃永靖炳灵寺石窟唐代第3窟中心塔（《永靖炳灵寺》）

（下右）图5-39 敦煌宋代华塔（罗哲文/摄）

是这类塔的典型代表（图
5-36）（图5-37）。

此外，唐宋还有亭式
塔、华塔、覆钵式与楼阁
式结合的塔形。亭式塔多
作为高僧墓塔，华塔是佛
教"莲华藏世界"的象征
（图5-38）（图5-39）。

明清佛塔主要只有楼
阁式和密檐式，多数模仿
宋辽，有的全塔包砌琉
璃，工艺水平很高，如山
西洪洞县广胜上寺明代飞
虹塔（图5-40）。

图5-40 山西洪洞县广胜上寺明代飞虹塔（萧默/摄）

凝固的神韵 中国建筑

6

群星灿烂
—— 少数民族建筑

▌藏传佛教建筑

西藏高原素有世界屋脊之称，气温寒凉，降雨较少，自然条件比较严酷。森林不多，而石材特别丰富。

公元7世纪，西藏出现了吐蕃王国，佛教也从印度和中原两个方面传入。吐蕃王松赞干布的两个妻子唐文成公主（641年入藏）和尼泊尔尺尊公主都崇尚佛教，对佛教的传入起到了推动作用。由文成公主亲自组织，在逻些（今拉萨）建造了西藏第一座佛教建筑惹刹祖拉康，当时是一座佛堂，就是今大昭寺的前身。762年，吐蕃王赤松德赞在扎囊建造西藏第一个正式寺庙桑耶寺，779年建成后首次剃度七名藏族青年出家。

佛教传入以前，西藏原已有一种原始宗教本教，以后融入佛教，加上带有后期印度教因素的印度佛教密宗的强烈影响，使发展成熟的西藏佛教带有极强的神秘色彩，与汉地佛教明显有别，特称藏传佛教，俗称喇嘛教，庙宇则称喇嘛庙，佛塔称喇嘛塔。

1247年，萨迦派教主萨迦班智达会见蒙古汗国宗王阔瑞，建立了施供关系。萨迦派政教合一，治理藏土，结束了西藏长期分裂割据状态，重新走向统一。西藏也归入中国版图，喇嘛教传入蒙古地区。15世纪初（明初），宗喀巴在西藏实行宗教改革，创立格鲁派（黄教），以后成了西藏最大的势力，实行政教合一，建造了包括日喀则扎什伦布寺、拉萨三大寺、青海塔尔寺和甘肃夏河拉卜楞寺的黄教六大寺，都是藏传佛教的大型寺庙，每寺僧众都达两三千人。

明清两代，皇帝为团结藏族和蒙古族，主要在北京和华北地区也建造过一些喇嘛庙和喇嘛塔。

藏传佛教寺庙可分为藏式、藏汉混合式和汉式三种。越接近西藏藏式越多，内蒙古则以藏式为主的藏汉混合式居多，华北地区大都是以汉式为主的藏汉混合式或汉式。

藏式是喇嘛庙的主流。拉萨大昭寺（初建于唐，7世纪）、扎囊桑耶寺（唐，779年）可作为建于平地的寺庙代表，布局对称；日喀则扎什伦布寺（明，1447年）和甘肃夏河拉卜楞寺（清，1709年）可作为山麓地带喇嘛庙的代表，布局自由。

大昭寺从一座佛堂经历代扩建才成为寺庙。寺门朝西，经过门殿，隔着一座廊院，是主殿觉康大殿。大殿平面正方，周围四层，隔成一间间小佛堂，中轴线上一座佛堂供奉着文成公主带来的释迦牟尼大像。大殿中央是一个高通两层的大空间，平顶，中央再次高起，高起处形成高侧窗。第四层四面正中各有镏金铜屋顶，仿自汉族建筑，四角各有一座平顶角楼。大殿的金顶非常富有特色，先沿着大殿整个方形外墙墙头列短檐一周，把全殿统束起来。短檐在四座金顶殿处外伸，上即金顶殿，使得每个金顶仿佛都是重檐，加上角楼的陪衬，形象丰富而华丽。围绕觉康大殿，左、右、后三面有回行道，里面安装许多转经筒，信徒在回行礼拜时转动它们，象征念经。在以上主要建筑的周边还有一些附属建筑，多为平顶，围成小院。寺正门外有一座小围院，好似全寺的照壁，内有传为文成公主手

图6-1 拉萨大昭寺正门（萧默/摄）

图6-2 大昭寺觉康大殿（萧默/摄）

图6-3 大昭寺门殿屋顶上的法轮与双鹿（《藏传佛教艺术》）

131

图6-4 便玛墙镏金饰（萧默/摄）

植的公主柳、唐蕃会盟碑和劝人种痘碑 (图6-1)（图6-2）（图6-3）。

大昭寺整体平面大进大退，立面参差起伏，加上突出平顶的各式金色装饰，成功创造了一个丰富多变的形象。八角街围绕大昭寺，每天都有信众沿着它右旋回行，表示对佛的崇敬。

在大昭寺各建筑的墙头都围着交圈的"便玛墙"。"便玛"就是柽柳（亦名红柳）。便玛墙的做法是将柽柳小枝扎成一手可握的小捆，铡齐，浸入红土浆，再以切面向外层层叠在墙头，

以直木棍插接在墙内，柽柳以内的墙体仍是石砌。便玛墙都饰在建筑女儿墙处或高大建筑最高一两层，周圈成箍，外观是一条暗棕色带，有毛茸茸的质感，上面往往贴有金饰。便玛墙是西藏高级建筑一种广泛使用的特殊的墙面装饰方法，象征尊贵和权力，用于宫殿和寺院内的经堂、佛殿，禁止用于僧房，更不可用于民间 (图6-4)。

桑耶寺首次度僧出家，可以说是西藏第一座佛寺。全寺是在一圈圆形围墙的中央有一座方院，内建多层的乌策大殿。大殿第三层五座亭子都是汉式，寓意宇宙的中心须弥山和围绕主峰的四座小峰。大殿左、右各有一

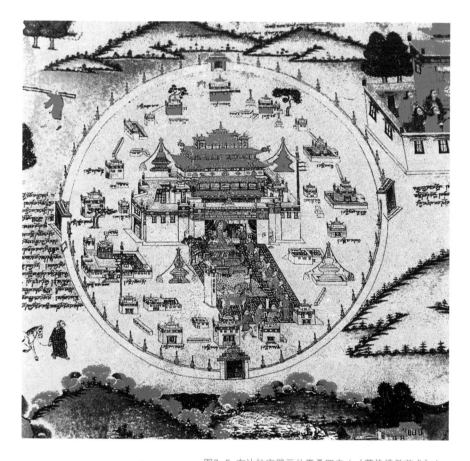

图6-5 布达拉宫壁画扎囊桑耶寺（《藏传佛教艺术》）

小建筑，称日殿、月殿，象征日月绕山。四角有白、红、黑、蓝四塔，象征居住在山腰的四大天王。其他小建筑则象征四大部洲、八小部洲，总体组合称为"曼荼罗"，象征佛教的宇宙模式（图6-5）。

扎什伦布寺和拉卜楞寺都属黄教六大寺，是建在山麓地带的大型喇嘛寺。在扎什伦布寺内，有四世班禅的灵塔殿"曲康夏"；五世至九世班禅大师合葬灵塔殿"扎什南捷"；为瘗藏十世班禅的遗体，近年兴建了灵塔

（上）图6-6 日喀则扎什伦布寺（资料光盘）

（下）图6-7 扎什伦布寺班禅灵塔殿内院（罗哲文/摄）

图6-8 甘肃夏河拉卜楞寺全景图（萧默/摄）

殿"释颂南捷"（图6-6）（图6-7）。

拉卜楞寺沿北山山麓布列，中部靠近山脚建造高大的建筑如经堂、佛殿和活佛府邸。一般僧人居住的小院占地面积最大，从东、南、西三面簇拥着它们。最外有一条长达五百余间的转经廊，像一条彩带，将全寺从三面束围起来。全寺街巷棋布，好像一座小城，是在几十年中逐渐生长出来的。总体采用自由式布局，不求规则对称，没有轴线，但仍有一定之规。

全寺有六座经堂，各经堂从前到后依次为大门、前庭、带有门廊的平顶经堂和紧依经堂高耸的后殿。经堂内部中央部分高起，利用屋顶高差设高侧窗采光，空间幽暗、低压而深广，墙面满绘壁画，地面、柱子、平顶下都覆盖织物，到处垂挂画着佛像的卷轴画和经幡，气氛沉重而神秘。后殿隔成多室，分供佛像、历代活佛的灵塔和形象狰狞的护法神像，深度不

135

图6-9 拉卜楞寺闻思学院大经堂正面（萧默/摄）

图6-10 拉卜楞寺续部上学院东侧面，其左为闻思学院门殿，右为弥勒佛殿（张青山/摄）

图6-11 拉卜楞寺弥勒佛殿（萧默/摄）

图6-12 拉卜楞寺活佛府邸（萧默/摄）

大而很高，气氛更为神秘甚至恐怖。外部造型前低后高，很有动势 （图6-8）
（图6-9）（图6-10）（图6-11）（图6-12）。

　　西藏的"宗"相当于内地的县。宗的政权中心多拥山而筑，居高临下，
耸然挺立而为城堡，就是"宗山"。西藏最伟大的建筑拉萨布达拉宫（始建
于清初，1645年）既是地位最高的"宗山"，也是藏传佛教的圣殿。

　　布达拉宫建造在布达山上，是一座壮丽非凡的城堡，其气势在中国古
代是绝无仅有的孤例。最高处外观十三层，高达一百一十七米，连山坡共
高一百七十八米，东西长达三百六十余米，宫内有大小房间两千多个，总
建筑面积达十万平方米。宫的中部外墙红色，称红宫，内有供奉历代达
赖灵塔的灵塔殿和佛堂。在红宫东西连接东、西白宫，东白宫主要是达赖
寝宫，西白宫是僧人住处。红宫下部前伸为台，也是白色，把东、西白宫

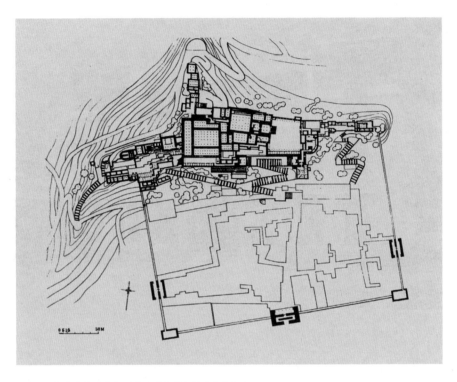

图6-13 拉萨布达拉宫平面图（《中国古代建筑史》）

连接起来，里面是各种仓库。红宫正中有一条上下通贯的凹阳台带，平顶
上耸出许多镏金铜瓦顶小殿，丰富了全宫构图，自然成了统率全局的构图
中心。全宫上端横着暗棕色便玛墙带，使建筑轮廓更加鲜明，与红宫取得
色彩上的呼应。红宫的便玛墙带下有一条白色墙带，与白宫的墙面也取得
呼应。建筑与山形有很好的默契，前沿中部随着山势稍稍凹进，建筑最高
处偏西。外墙全用石块砌筑，各层平顶层层退进，小台对大台起着扶持作
用，显得自然而稳定。这些，都与自然山石的构成机理相近。建筑基脚和
山坡没有明显的分界，人工和自然和谐呼应。

138　　　在下部石墙上加用了两排假窗，下有二十多米高的壁面，夸张了建筑的

图6-14 布达拉宫全景（《世界不朽
建筑大图典》）

图6-15 布达拉宫登上红宫的大台阶
（姜怀英/摄）

高度。暗棕色墙带上有许多
镏金铜板，墙顶的经幢、金
宝瓶、金莲花伸入天空，与
镏金屋顶一起，在蓝天、白
云雪山的衬托下，灿然闪烁
着迷人的光彩。自下而上，
处理由粗而精，由简入繁，
由壮实而华丽，由单调而丰
富，色彩则素净而华彩，自
然将人的视线引向高处，越
发显得建筑巍峨高大。

图6-16 包头市五当召后部高处的时轮学院经堂（张青山/摄）

布达拉宫雄伟、辉煌、壮丽、粗犷、震撼人心，有强烈的艺术感染力，是可以夸耀于世界的建筑艺术珍品（图6-13）（图6-14）（图6-15）。

蒙古地区也有藏式的喇嘛庙（图6-16），但以藏汉混合式为主，多建在平地，取中轴对称的院落组合方式，以经堂为全寺中心。经堂本身也是藏汉混合式，其他房屋多为汉式。这类喇嘛庙成就较高的可举呼和浩特席力图召为例。

席力图召（始建于明末，16世纪末，清1688年扩建）现存的大经堂平面布局如同藏式，由门廊和经堂、后殿（现不存）组成，但屋顶是汉式坡顶。经堂平面正方，有六十四根柱子，堂前凸出多达七间的门廊，气势很大。屋顶由前至后以勾连搭方式串联三座汉式歇山顶：门廊和经堂的前部两间共一顶，为两层楼，上层并成一殿；隔一间之后，经堂中部三间的柱

图6-17 呼和浩特席力图召大经堂（孙大章、傅熹年/摄）

子高起，直通而上，承接一座高峻屋顶；再隔一间至经堂后部两间为三层楼，又是一座屋顶；三顶之间的部位为天沟，经堂的光线从中部屋顶檐子和天沟之间的空隙射入 [图6-17]。

　　立面造型主要是藏式，中央凸起金色法轮、双鹿和经幢。门廊两边砖砌实墙，分为三段，下简上繁。立面下层门廊的柱子和雀替及廊顶装饰也是藏式。但在蒙古地区，凡藏汉混合式建筑，外墙多用砖砌，不收分或收分甚少，也不使用便玛墙，仅保存其意味。席力图召也是这样，总体呈汉藏混合风格。

　　元代开始，内地已出现了少数藏传佛教建筑。明清两代尤其是盛清时代，为了团结蒙、藏民族，由官方主持，在内地继续建造。如盛清康、雍、乾时期，从1713年开始历经70年，在北京、承德建造了许多规模宏大的喇嘛庙，后者总称为"外八庙"，其代表作如承德普宁寺（1755年）和

141

普陀宗乘之庙（1771年）。

这些喇嘛庙的风格与蒙古地区的藏汉混合式，在形成的原因和面貌上都有不同。前者多是因与汉族居住地相近而自然产生的结果，后者由官方主持建造，带有很强的主观性，必定具有较强的汉式官式建筑作风。总的来说，是在汉式做法的基础上建成的藏汉混合式建筑。这种混合，采取了以下几种手法，1. 掺入喇嘛教意义，如普宁寺大乘阁本身是汉式，而体现了"曼荼罗"观念；普陀宗乘之庙是对布达拉宫的意似等；2. 借鉴西藏喇嘛庙总体布局手法：重要建筑位在高处，突出主体，整体轮廓大起大落；3. 借鉴西藏寺庙单体布局手法，如所谓"都纲法式"回字形平面及其变体的广泛采用；4. 建筑细部基本上仍是汉式官式做法，但又参考了西藏习惯做法如藏式梯形窗、台形建筑中部上下贯通的阳台带等，加以变通组合；5. 佛像、壁画、雕刻保留了

（上）图6-18 承德普宁寺大乘阁侧影（萧默/摄）

（下）图6-19 大乘阁千手观音像（杨谷生、陈小力/摄）

（上）图6-20 承德普乐寺全景
（萧默/摄）

（下）图6-21 普乐寺旭光阁
（萧默/摄）

西藏特点。

普宁寺坐北向南，分前后两部，前部的布局和建筑单体与华北官式庙宇完全一样；后部地势陡然高起近十米，筑为台地，在台地上围绕主体建筑大乘阁。阁四层，内有巨大的千手千眼观音立像，屋顶上建五亭，模仿桑耶寺乌策大殿。阁四周布置了许多喇嘛塔和台墩，也仿自桑耶寺，象征"曼荼罗"宇宙模式 （图6-18）（图6-19）。

普乐寺坐东向西。前部也全为汉式，后部地势陡然高起约十八米，围成方院，院中方台上建圆形旭光阁（实为大亭），内部圆坛上有木制立体"曼荼罗"，其上原有铜铸"欢喜佛"，面东，即向后，正对寺后棒槌峰高达十余米的天然巨石。坛上的藻井极其精美（图6-20）（图6-21）。

普陀宗乘之庙在避暑山庄正北，占地达二十二公顷，是外八庙中规模

143

图6-22 承德普陀宗乘之庙全景（孙大章/摄）

最大者。"普陀"就是"布达"，其形制是拉萨布达拉宫的模仿，但加入了很多汉式手法。

地形前低后高，高差颇大，可分前、中、后三部。前部基本汉式；中部沿山坡散点布置十余座小的"白台"和喇嘛塔，类乎藏式的自由式；后部高处仿布达拉宫而建"大红台"，是全庙主体，也分中部红台和东西白台。红台下面也有横向白台，把东、西白台连接起来，明显与布达拉宫相似。台顶露出几座汉式屋顶。但这些"台"实际上是外绕平顶楼房的一个

144

个方院。红台由三层楼围成（外观七层，下四层实为山体，外开假窗），内建方形万法归一殿，平面形如"回"字。局部处理多为汉式（图6-22）。

但普陀宗乘之庙的"大红台"比起布达拉宫来气魄远远不及，且意重模仿，虽加进汉意而创造性不足，勉强而不自然。尤其万法归一殿，竟深陷于三层高的楼屋紧紧包围之中，坐井观天。立面上的几座汉式屋顶，从台前仰视，实际上往往并不可

图6-23 北京妙应寺塔（模型）（首都博物馆藏）

见。全寺各处众多类似碉房的"白台"，如同布景。看来，设计者并未深得藏式建筑的真谛。

总观以上二庙，在吸收藏族传统建筑文化的方式上，普宁寺更重在"意"，创造性较强，两种建筑文化的融合也较为自然，少斧凿之痕。普陀宗乘之庙更偏于"形"，多有勉强之处，未至化境。

喇嘛塔与中原已流行将近两千年的、以汉式楼阁为主要构图要素的传统佛塔有很大不同，丰富了中国佛塔的内容。大致有三种类型，即瓶式塔、金刚宝座塔和过街塔。

瓶式塔像一个水瓶，现存最早的瓶式塔是即元大都（今北京）妙应寺

图6-24 江孜白居寺塔（资料光盘）

塔（又称白塔，元，1271年），由尼泊尔匠师阿尼哥设计。用石头砌筑，外表贴砖，涂刷白灰，光洁如玉。铜制塔顶镏金，金白对比，气氛崇高圣洁。全塔气势雄壮，是瓶式塔造型最杰出者（图6-23）。

西藏江孜白居寺塔建于明代，是西藏现存较早的喇嘛塔。基座特别宽大，分层，内为小室，各奉佛像。塔身矮壮，塔顶的刹座上画出一对佛

146

眼，很像尼泊尔的塔。最上部有很大的华盖和宝顶（图6-24）。

金刚宝座塔是一种群塔组合方式，由中央一座大塔、四隅各一小塔共同坐落在一座大台上组成，各塔或是瓶式或是汉式，也是藏传佛教有关宇庙观念的体现。现存比较重要的金刚宝座塔

（上）图6-25
北京真觉寺塔
（刘大可/摄）

（下）图6-26
北京碧云寺塔
（罗哲文/摄）

147

（上）图6-27 北京居庸关云台（萧默/摄）

（下）图6-28 江苏镇江云台山昭关塔（萧默/摄）

都不在西藏，而在北京和内蒙古等地，如北京真觉寺塔、碧云寺塔、西黄寺塔，内蒙古呼和浩特慈灯寺塔等。真觉寺塔建于1473年，时属明代，文献记载是仿印度佛陀伽耶金刚宝座塔建成。后者现仍存，约建于12世纪（图6-25）（图6-26）。

在通衢要道或寺庙入口等处建一高台，台下辟门洞，通人行，台上列建一座或多座喇嘛塔，就是过街塔，其宗教含义是"普令往来皆得顶戴"，而使人们"皈依佛乘，普受法施"。现存著名的如北京居庸关云台（台上之塔已毁）和江苏镇江云台山昭关塔，都建于元代（图6-27）（图6-28）。

▎维吾尔族伊斯兰教建筑

维吾尔族伊斯兰建筑属世界伊斯兰建筑体系，受中亚和西亚的影响较大。

伊斯兰教诞生时正当中国唐代初年，不久，从海路传入中国。宋元时在东南沿海开始有了伊斯兰建筑，是由来自西亚、中亚一带的商人建造的。

元初，不少信奉伊斯兰教的中亚、西亚人被蒙古人征为兵士，从陆路来华，伊斯兰教再次传入。这批人与原已在华的中亚、西亚人后裔融合，元明之交形成回族，分布于全国，以西北较多，仍信仰伊斯兰教。他们的礼拜寺称清真寺，但建筑均已采用了汉式。

明时，伊斯兰教在新疆维吾尔人中也得到普及。维吾尔伊斯兰礼拜寺几乎每村都有，城市更多，布局自由，只要求礼拜殿必须坐西向东，信徒祈祷时朝向麦加。

自古以来，经过中国最西的一座大城喀什来往于中国和中亚的商人、香客和使节十分频繁，是新疆最早接受伊斯兰教的地方。城内艾提卡尔大

149

图6-29 喀什艾提卡尔大寺（萧默/摄）

寺（明，约创建于15世纪前，现存面貌形成于19世纪后半叶），是中国最大的礼拜寺。全寺坐西面东，大门开在东南角。门墙高大，砖砌，正中是尖拱大龛，龛内开门。这种构图称"伊旺"式，在中亚和西亚、南亚礼拜寺中用得极多。门墙左右以院墙连接两座宣礼塔，上有穹隆顶小亭。门左院墙很短，宣礼塔比较粗壮，右墙较长，塔较为纤细，以门为中心，取得了不对称均衡构图（图6-29）。

　　喀什郊外阿巴和加陵（清，17世纪中叶以后）是中国最著名的一座伊斯兰圣者陵墓，也是新疆最大的伊斯兰建筑群，由陵堂和多座礼拜寺组成。陵堂非常美丽，平面近方略呈横长，四围砖墙，四角砌出穹隆顶尖塔，正中在鼓座上耸起大穹隆顶，顶尖再加穹隆顶小亭。门墙在南面正

（上） 图6-30 喀什阿巴
和加陵建筑群（《中国古代
建筑史》）

（下） 图6-31 阿巴和加
陵陵堂（罗哲文/摄）

中，呈竖高矩形，高耸在四墙以上并凸出于墙面以外，形象突出。大小不
一的尖拱和穹隆顶，烘托出中央大穹隆顶，全体达到高度统一和谐，造型
稳定端庄，比例匀称，气氛沉静肃穆。建筑外表面全都用深绿和浅蓝的琉
璃面砖或瓷砖镶贴（图6-30）（图6-31）。

151

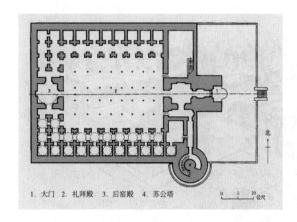

图6-32 吐鲁番额敏寺平面图（《中国古建筑大系》）

1. 大门　2. 礼拜殿　3. 后窑殿　4. 苏公塔　　　0　5　10公尺　北↑

吐鲁番额敏寺（清，1778年）也是维吾尔族建筑最著名的代表。全寺坐西面东。最引人注目的是紧贴寺的东南角耸起的一座高大的砖塔，圆形，下大上小，砖砌，轮廓通体浑圆，全体一气呵成，非常朴素。在简朴的塔身表面，精细地砌着凹凸砖花，呈环状分布，图案多达十余种，简练而自然。寺院正面立着高大门墙，也是在正中尖拱大龛周围砌造小龛，与大塔一起，形成不对称的美丽而生动的构图。包括大塔和门墙、院墙，全寺都用同一种米黄色砖砌筑，十分朴素庄重。与周围的黄土地完全协调，达到了与环境的高度和谐（图6-32）（图6-33）。

玉素甫玛扎在喀什南郊，从始建年代来说，有可能是新疆最早的伊斯兰建筑，现状是19世纪重修过的面貌。

玛扎总平面是一个东西长的矩形，现状大门向北，入门右（西）侧原有礼拜殿和阿訇住

图6-33 额敏寺东面（萧默/摄）

图6-34 喀什玉素甫玛扎﹝萧默/摄﹞

宅，现不存。与礼拜殿隔院相望，在东面建玛扎。玛扎左右以墙隔出小院。

　　玛扎墓室方形，上覆高耸的圆穹隆顶，顶上再凸起一座小亭，全部装饰着蓝色琉璃面砖。墓室后两角耸起细长高塔，以穹隆顶小亭结束。墓室前隔横长前室有很高的门墙，正中开尖拱深龛，在深龛左右和上面砌许多尖拱小龛，再左右各有细长高塔一座，也耸出穹隆顶小亭，也是"伊旺"式。门墙左右接建较低的墙，也以附穹隆顶小亭的细塔结束。门墙所有高塔塔身断面都作瓜棱状，一束束直线条直通而上，十分挺拔，显得很有精神。全部立面对称均衡，构图严谨，皆饰以蓝地白花琉璃面砖 ﹝图6-34﹞。

　　院墙较低，转角处也有细高的塔。全寺细塔多达十一座，一座座塔和塔上的小亭，加上大穹隆顶，还有高低不同的门墙和院墙，全群建筑的体形和体量对比非常丰富，闪烁在阳光下，显出迷人的光辉。

153

▎傣族小乘佛教建筑

傣族居住在云南南部，信奉上座部佛教，其文化和建筑受泰国和缅甸的影响很大。现存建筑多建于清代或更后，风格玲珑秀丽，亲切近人。

几乎每座傣寨至少都有一座佛寺。根据宗教戒律，每个男子都必须在少年时出家一次，在寺中学习文化。人们不但在傣寺里进行宗教活动，还举行庆典、选举领袖、调解纠纷，寺庙已超出了纯粹宗教的意义，人们对它怀着一种特别亲切的感情。所以傣寺与汉地佛寺和藏传佛教喇嘛庙都很不相同，既没有前者那么严谨庄重、内向而含蓄，也不像后者那样雄伟巨大、外向而粗犷，而显得更加秀丽亲近，多姿而质朴，内外空间融为一片，开朗而外向。人们常倾注全寨力量建造傣寺，显示本寨的骄傲。

西双版纳橄榄坝曼苏满寺可作为傣族佛寺的代表。寺在澜沧江东岸，坐西面东，据说与佛入寂时的方向相同。从前至后，依次布置寺门、引廊和佛殿。在佛殿一侧有傣式佛塔，另一侧为戒堂，构成一个极生动美丽的不对称均衡构图（图6-35）。佛殿平面矩形，与汉族佛殿以长向为正面不同，是以短边即山墙为正面。中部是两坡顶，四周包围单坡，总体构成好似歇

图6-35 西双版纳橄榄坝曼苏满寺东立面（萧默/摄）

山顶的两段式屋顶。

　　西双版纳勐遮景真寺的戒堂平面呈多角折角十字状，由十六个阳角和十二个阴角组成，称"八角亭"，以其美丽的造型成为傣族建筑艺术的优秀代表之一。基座是砖砌须弥座，较高。亭身也是砖砌，在四个正面开门。屋顶极其特殊，由向八个方向呈放射状层层伸出的许多两坡悬山屋顶组成，从下而上由大至小叠落十层，形成由八十座小屋顶组成的状若锦鳞的屋顶群，非常复杂，与基座、亭身的较为简洁形成强烈对比。色彩艳丽，装饰着小金塔和密排的琉璃火焰。全亭娇小玲珑，珠光宝气，更像是一件工艺品，在阳光的照射下，宛如一朵初开的千瓣莲花（图6-36）。

155

傣族上座部佛教的塔与中原汉式佛塔和藏传佛教的塔也有很大不同，从下至上由基台、基座、塔身和塔刹四部分组成。基台略高于地面，多为方形，四隅常置灰塑怪兽，四面有多个短柱承托的花蕾。基座多由一层或两层须弥座构成。塔身多由叠置的二至四层须弥座组成，层层收小。基座和塔身的平面多为多角折角十字，也有方形、六角形和圆形，涂白或金色。铜制刹杆高举，以火焰宝珠或小塔之类的装饰物收顶。总体像是一个立放着的长柄之铃，挺拔俊秀，玲珑而秀美。曼苏满寺内的曼苏满塔可作为傣塔的代表。

还有许多群塔组合式的佛塔，更加丰富多彩。

西双版纳大勐笼曼菲龙塔由大小九座圆塔组成，共同坐落在圆形须弥座基座上。中央一塔最高，塔刹高刺入天；其余八塔形象与中塔相似，但只有中塔一半高。在基座上，对应各塔呈放射

（上）图6-36 西双版纳勐遮景真寺"八角亭"〔画片〕

（下）图6-37 西双版纳大勐笼曼菲龙塔〔萧默/绘〕

图6-38 云南德宏州的群塔（萧默/摄）

状地有八个山面朝外的两坡小佛龛，各龛上面砌出船首形，作为与各小塔的过渡，象征慈航普度。全塔亭亭玉立，像一蓬刚出土的春笋，洋溢着一片勃勃生机，是傣族建筑艺术珍品（图6-37）。

云南德宏州类似的群塔更多，规模也更大（图6-38）。

▌ 侗族建筑

　　侗族分布在湘桂黔交界地区，没有受到宗教的过多浸染，民间流行一种原始巫教信仰，所以，与其他许多民族不同，侗族建筑艺术成就主要体现在如鼓楼、风雨桥等民间公共建筑上，包含更多的民俗乡情，艺术风格质朴古拙。现存侗族建筑最早不超过清代。

　　与许多少数民族相同，侗族的私有观念也不强，民居都是外向的，没有围墙和院落，其形式受汉族影响，近于汉族的自由式。侗寨各家的交往以至全寨性的活动都很多，如歌舞庆典、议事、聚谈等，都在寨子中心的公共空间鼓楼坪进行。"鼓楼"侗语称"堂瓦"，即公共议事厅，又称"播顺"，意为"寨之魂"。鼓楼多为塔式，有方形、八角形、六角形等，总体造型有如大树，传说就是按照"杉树王"的样子建造的，反映了侗族"大树崇拜"的古老观念。这种观念在西南许多少数民族中都有表现，只是方式不同。

　　塔式鼓楼的杰出作如贵州从江增冲鼓楼、榕江三宝鼓楼。

158　　　增冲鼓楼是最典型也是造型最好的一座塔式鼓楼，八角十一重檐，顶部再升起重檐八角攒尖亭，整体轮廓变化丰富，风格秀丽，总高约二十米，轮廓真的很像杉树。楼内有四根大柱直通而上，柱间长凳围着中心火塘。楼顶悬大鼓，每遇大事击鼓为号 (图6-39)。

三宝鼓楼也是八角形，密檐达十九层，形体瘦高，上面再耸起重檐高亭，整体轮廓呈明显的凹曲线，特别秀丽 (图6-40)。

有的鼓楼与风雨桥邻近，二者结合，丰富了村寨景观。

风雨桥是侗区与鼓楼齐名最为人称道的又一类建筑，又称廊桥、亭桥、花桥，是在木悬臂梁式平桥的石砌桥墩和两端桥台上建造桥楼，连以长廊。桥楼很像

（上）图6-39 从江增冲鼓楼（《贵州古建筑》）

（下）图6-40 榕江三宝鼓楼（资料光盘）

图6-41 三江马安寨程阳桥（萧默/摄）

鼓楼，但平面只是方形或矩形。侗区多河溪，风雨桥几乎每寨必有，有的不只一座，是入寨必经之路。风雨桥既可供行人遮风避雨，又可兼作寨门，更是村民游息聚谈的地方。每逢盛节，外寨亲友来会，全寨人齐集桥头，盛装出迎，显示了浓郁的民族风情。风雨桥的选址十分注意成景和得景，使之既能装点大好河山，又能在桥内观赏到周围的美好景色。

最大也最著名的风雨桥是广西三江马安寨程阳桥（清末），跨在林溪河上，全长达七十八米，在二台三墩上建造了五座桥楼。中楼最高，顶部冠以六角攒尖亭，下为方形三檐；左右两座都是四檐，方形，也是攒尖顶；最外两座为矩形，四檐，歇山顶。在桥栏下有通长坡檐，覆盖桥下四层悬臂木梁（图6-41）。

160

　　贵州黎平地坪风雨桥为二台一墩三楼，中楼最高，连附檐为方形五重檐，上面再加四角攒尖顶方亭；其他二楼矩形，四檐，歇山顶（图6-42）。还有一些与寨门连在一起的风雨桥（图6-43）。

参考文献

[1] 萧默.中国建筑艺术史[M]. 北京：文物出版社，1999.

[2] 刘敦桢.中国古代建筑史[M]. 北京：中国建筑工业出版社，1978.

[3] 萧默.建筑谈艺录[M]，武汉：华中科技大学出版社，2009.

[4] 萧默.世界建筑艺术史丛书第一卷. 东方之光[M]. 北京：机械工业出版社，2007.